肥料中有害因子的检测方法及其土壤修复和迁移研究

孙明星　张琳琳　沈国清　编著

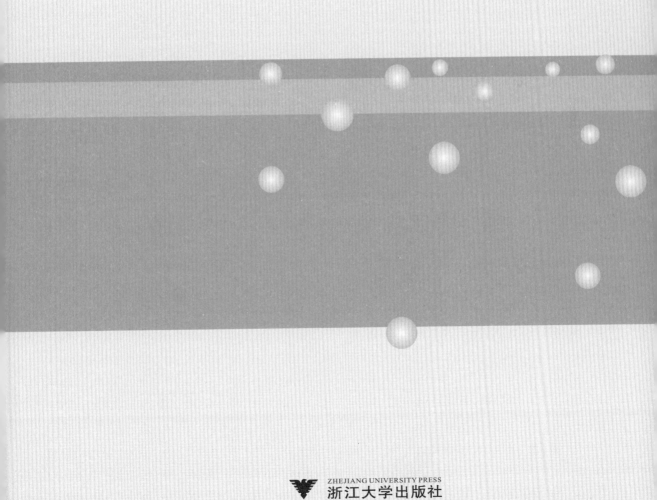

ZHEJIANG UNIVERSITY PRESS
浙江大学出版社

前　言

　　土壤与肥料是农林业生产的基本资料,是人类赖以生存的重要资源。近年来,土壤与肥料中的潜在有害因子引起人们的广泛关注,因为这些潜在有害因子在土壤—肥料—农作物之间的迁移直接影响到人们的食品安全与健康。本书中,作者总结了自身多年对土壤与肥料中潜在有害因子的迁移、检测方法和标准的研究成果和经验,并收集了国内外这一领域的相关研究成果以及检测标准。

　　本书主要由上海出入境检验检疫局孙明星研究员、上海出入境检验检疫局张琳琳、上海交通大学沈国清教授共同负责撰写。其中部分实验及结果由上海交大研究生陈平博士、李蓝青硕士、付盼硕士共同参与完成。本书由张琳琳进行校对并负责编辑,最终共同修改和定稿。

　　本书参阅了国内外同领域研究者的大量论著和文献,限于篇幅,有些未能列出,在此一并表示诚挚的感谢。

　　由于土壤与肥料潜在有害因子研究内容广泛,科学发展日新月异,编者水平有限,编写时间短促,难免出现纰漏和不足,希望读者批评指正。

作　者

2017 年 3 月

目　录

绪 论

一、土壤在农业生产中的重要作用

(一)土壤及土壤肥力

土壤是生态系统的重要组成部分,是人类社会所处自然环境的一部分,是自然环境中的生物圈的重要组成部分。在现代农业生产中,土壤是植物生长的基地。从这一点出发,土壤可以泛指是具有特殊结构、形态、性质和功能的自然体。它的特殊形态是地球陆地表面;它的特殊结构是疏松层;具有肥力是它的特殊性;能够生长绿色植物是其特殊功能。因此,可将土壤定义为:"土壤是指覆盖于地球陆地表面,具有肥力特征的,能够生长绿色植物的疏松物质层。"从土壤形成过程来看,通常将未经人工开垦的土壤称为自然土壤。经过开垦、耕种以后,其原有性质发生了变化,称为农业土壤或耕作土壤。

土壤之所以能够生长绿色植物,是因为土壤具有一定的肥力。土壤肥力是指土壤具有能同时并不断地供给和调节植物生长发育所需的水、肥、气、热等因子的能力,它包括水分、养分、空气、热量四个主要肥力因子,这些因子在不断变化,又相互联系、相互制约和相互协调。

土壤肥力根据其产生原因可分为自然肥力和人为肥力,自然肥力是指在母质、生物、气候、地形和时间各种自然因素共同作用下形成和发育的肥力。在自然界中尚未开垦的原始土壤和原始森林的土壤才具有自然肥力。人为肥力是指人们对土壤进行耕作、施肥等经营措施影响下所形成的肥力。耕作土壤的肥力是自然肥力和人为肥力的综合表现。耕作技术愈完善,培肥措施愈合理,在土壤肥力的发展过程中定向改良土壤的作用愈大。

土壤肥力根据其表现的经济效益可分为有效肥力和潜在肥力。由于土壤性质、环境条件和技术水平的限制,只有其中一部分在当季生产中能表现出来,产生经济效益,这一部分肥力叫作有效肥力,而没有直接被当季作物利用的肥力则叫潜在肥力。有效肥力和潜在肥力可以相互转化,两者之间没有明显的界线。例如大部分低洼积水的烂泥田、冷浸田,这种土壤有机质和氮磷钾的含量虽然较高,但其有效供应能力却较低。因此,对于这类土壤应加强农田基本建设,改造土壤环境条件,以促进土壤潜在肥力转化为有效肥力。

(二)土壤在农业生产中的重要作用

农业是人类生存的基础,土壤又是农业生产的基础。"民以食为天,食以土为本"精辟地概括了人类、农业和土壤之间的关系。众所周知,人类的生存离不开农业,农业最基本的生产是种植业。人类从事种植业生产以来就已认识到土壤是植物生长的天然基地。土壤是农业的基础,也是农业生产的基本生产资料。农业生产是由植物生产、动物生产和土壤管理三个环节组成的。植物生产(种植业)主要是通过绿色植物的光合作用制造有机物质,把太阳辐射能转变为化学能贮藏起来,植物产品作为食料和工业原料被人类所利用。动物生产(养殖业)是把一部分植物产品作为喂养畜、禽、鱼类的饲料和饵料,以便充分地利用这些有机物质及其包含的化学能,进一步为人类提供动物性食品、工业原料和家畜粪尿。土壤管理是土壤的施肥耕作管理,把未曾利用的动植物残体和人畜粪尿,通过耕作,归还土壤,变为植物可利用的养分,同时增加和更新土壤有机质,提高土壤肥力。

土壤是人类生存的再生自然资源。土壤是绿色生命的源泉,是人类生存最基本、最广泛、最重要、最珍贵的自然资源。它维系着自然界的生态平衡,使万物充满生机。它关系到人类的生存和社会的发展。随着生产的发展和科学技术的进步,人类对土壤的认识也日趋深刻。人类开采利用的自然资源如金矿、铁矿、煤炭、石油、天然气等经过开采利用会越来越少,甚至枯竭。而土壤则有其特殊性,它不因人类的开发利用而损失,只要合理利用,就能年复一年地被利用,为人类的生存和繁衍做出贡献。正如马克思所说,土壤是人类世代相传的生存条件和再生产条件。

土壤是陆地生态系统的主要组成部分。生态系统是指生物群落与其环境相互联系、相互制约的自然整体。土壤不仅是农业生产的自然基础,还是陆地生态系统的主要组成部分。土壤利用上存在的严重问题无一不影响整个生态环境,因此对土壤的利用不但要根据国民经济和农业生产发展的要求,结合考虑土壤本身的性质特点,还应从环境科学角度,考虑自然界中生态系统的平衡问题,宜农则农,宜林则林,宜牧则牧,防止工业三废及农药和滥用化肥对土壤的污染,防止水土流失,防止由于土壤状况恶化而影响整个环境和生态系统的协调。只有这样我们才能为子孙留一块绿地,留一片蓝天。

土壤的上述作用使它成为人类赖以生存的基本自然资源之一。在科学发达的今天,随着设施农业的发展,虽然能在温室或大棚中进行无土栽培,生产蔬菜或育苗等,但目前人类还不能脱离土壤进行大规模农、林、牧生产,土壤仍然是进行农业生产所不可缺少的重要生产资料,人类的衣、食、住、行和社会的发展都要依赖土壤。土壤作为农业生产的基本生产资料和主要活动对象起着无可替代的作用。因此,如何合理高效地开发利用土地资源、保障土壤的生产力并避免对水土环境的不利影响是现代农业可持续稳定发展的关键。

(三)土壤与植物生产的关系

土壤不仅是植物扎根立足之地,而且还能供给植物生命活动所需的大部分生活要素。绿色植物的生活要素有日光(光能)、热量(热能)、空气(主要是氧气和二氧化碳)、水分和养分。光、热和空气主要来自太阳辐射和大气,称为宇宙因素。水分和养分主要来自土壤,故称土壤因素。良好的土壤能使植物能吃得饱(养分供给充足)、喝得足(水分供应充分)、住得好(空气流通、温度适宜)、站得稳(根系生长根深蒂固)。总之,土壤在植物生长过程中有如下不可替代的作用。

1. 土壤是植物生长的营养库

植物需要的营养元素除二氧化碳主要来自空气外,氮、磷、钾及中量、微量营养元素和水分则主要来自土壤。

2. 土壤能使养分转化和循环

土壤中存在一系列的物理、化学、生物和生物化学作用,在养分元素的转化中,既包括无机物的有机化,又包含有机物质的矿质化。既有营养元素的释放和散失,又有元素的结合、固定和归还。在地球表层系统中通过土壤养分元素的复杂转化过程,实现了营养元素与生物之间的循环和周转,保持了生物生命周期生息与繁衍。

3.土壤具有雨水涵养作用

土壤是地球陆地表面具有生物活性和多孔结构的介质,具有很强的吸水和持水能力。土壤的雨水涵养功能与土壤的总孔度、有机质含量等土壤理化性质和植被覆盖度有密切的关系。植物枝叶对雨水的截留和对地表径流的阻滞、根系的穿插和腐殖质层形成,能大大提高雨水涵养、防止水土流失的能力。

4.土壤是生物的栖居地

土壤被认为是地球上生物独一无二的生存环境。土壤不仅是陆地植物的基础营养库,绿色植物在土壤中生根发芽,根系在土壤中伸展和穿插,获得土壤的机械支撑。土壤中还生活和繁育着种类繁多、数量巨大的地下微生物。

5.土壤是环境的净化器

土壤处于大气圈、水圈、岩石圈及生物圈的交界面,是地球表面各种物理、化学、生物化学过程的反应界面,是物质与能量交换、迁移等过程最复杂、最频繁的地带。这种特殊的空间位置,使得土壤具有抗外界温度、湿度、酸碱性、氧化还原性变化的缓冲能力。对进入土壤的污染物能通过土壤生物进行代谢、降解、转化、清除或降低毒性,起着过滤器和净化器的作用,为地上部分的植物和地下部分的微生物的生长繁衍提供一个相对稳定的环境。

二、肥料在农业生产中的重要作用

(一)什么是肥料?

肥料是指能为植物直接或间接供给养分的物料。施肥能改良土壤性状,提高土壤肥力,改善产品品质,增加植物产量。肥料是作物的"粮食",在作物生产中发挥着不可替代的支撑作用。

(二)肥料的重要作用

俗话说,有收无收在于水,多收少收在于肥。肥料是粮食的粮食,是重要的农业生产资料,在农业生产中起着重要的作用。著名育种学家,在第一次"绿色革命"中做出卓越贡献并获得诺贝尔奖的 Norman E. Borlaug 1994 年在全面分析了 20 世纪农业生产发展的各相关因素之后指出:"20 世纪全世界所增加的作物产量中的一半是来自化肥的施用。"在 20 世纪80 年代,联合国粮农组织亚太地区 31 个国家(地区)通过大量田间试验得出结论:施肥可以提高粮食单位面积产量 55%、总产 30%。我国全国化肥试验网在 20 世纪 80 年代进行的5000 多个肥效试验结果也证明,在水稻、小麦和玉米上合理施用化肥比对照不施肥处理平均增产 48%。近年来,随着化肥用量的增加和耕地肥力的逐渐提高,施肥的增产作用有所降低,但是,依然是作物增产增收最基本的物质保障。可见,合理施肥不仅可以提高植物产量,改善产品品质,还能提高土壤肥力。施肥的作用可概括为如下几个方面:

1.肥料是农业优质高产的保证

中国是世界上第一人口大国,因此,保障粮食需求决定了农业在国民经济中的首要地位。我国用只占世界 9% 的耕地养活了占全球 21% 的人口,其中施用化肥是最主要的因素之一。根据联合国粮农组织(FAO)的资料,发展中国家通过施肥可提高粮食作物单产55%~57%,可提高总产 30%~31%,全国化肥试验网的大量试验结果表明,施用化肥可提高水稻、玉米、棉花单产 40%~50%,提高小麦、油菜等越冬作物单产 50%~60%,提高大豆单产近 20%。根据全国化肥试验网的肥效结果推算,1986—1990 年粮食总产中有 35% 左右是施用化肥形成的。毋庸置疑,肥料是我国粮食增产和粮食安全的基本物质保障,正如诺贝尔奖获得者、绿色革命之父 Norman Borlug(1998)指出的那样,中国要实现粮食生产目标,用好化肥是第一位重要的措施。

2. 肥料直接影响农民生产与收入

"三农问题"特别是农民增收问题是党和政府关注的焦点,国家发展和改革委员会价格司编制的《全国农产品成本收益分料汇编 2006》统计结果显示,我国大粮食作物(水稻、小麦、玉米)的平均生产成本为 5445 元/hm²,其中化肥平均投入量为 304.35kg/hm²,费用为 1265.55 元/hm²,占生产成本的 23%(另外,人工费用占 42%,种子费用占 7%,农家肥占 2%,农药占 4%,机械动力占 19%,间接费用占 2%),由于化肥价格增长,2005 年三大粮食作物化肥投入增加了 196.95 元/hm²,导致粮食生产净利润下降了 35.6%。化肥价格小幅度变化就能导致粮食种植从盈利转向亏损,因此,化肥成为影响农户生产和收入的主要因素。

3. 施肥可提高居民营养水平

施肥不仅保证了粮食产量的增加,而且也保证了居民营养水平的大幅度提高。2005 年,我国人均肉、蛋、奶的占有量分别达到了 59.22kg、22.02kg、21.91kg,与 1980 年相比,分别增长了 3.74 倍、6.45 倍、14.07 倍。大量肉制品、奶制品以及水果蔬菜的生产也必须依赖于肥料的科学施用。虽然我国作物单产水平较低,水稻、小麦、玉米三大作物施用化肥后蛋白质产量为 440~619kg/hm²,但如考虑复种指数为 150%,实际我国耕地全年蛋白质产量还要高于发达国家,可达 660~929kg/hm²,这就使得我国可以养活世界上 21% 的人口。2020 年粮食需求将达到 6.4 亿吨。在耕地面积难以增加的情况下,大幅度提高粮食单产是解决粮食安全问题的唯一选择,而发挥肥料的增产作用是其中最为重要的措施。

(三)肥料的来源与分类

传统肥料大致分为化学肥料和有机肥料两大类。近年来,为适应农业可持续发展的需要,开发更加高效的新型肥料成为当今世界各国农业发展研究的重点领域。

1. 传统肥料

(1)化学肥料

化学肥料是以矿物空气和水为主要原料,经提取、物理或者化学工业方制成的肥料。产品大部分为无机物,但也有有机物,如尿素等。化学肥料按其所含元素含量的多少,所含主要养分的不同,又可分为大量元素肥料、中量元素肥料、微量元素肥料和复(混)合肥料等。

1)大量元素肥料,如氮肥、磷肥、钾肥等。

2)中等元素肥料,如含有钙、镁、硫等营养元素的石灰、硫酸镁、石膏等。

3)微量元素肥料是指含有植物生长发育所需要微量元素的肥料,如硼砂、钼酸铵、硫酸锌等。

4)复(混)合肥料。复合肥料和混合肥料的统称,是指在一种化学肥料中,含有氮磷钾营养元素中的两种或者三种的肥料。如磷酸铵,含有氮磷两种植物所需养分,因此是氮磷二元复合肥料。硝磷钾为氮磷钾三元复合肥料。有的复(混)合肥料中,除含有氮磷钾等主要营养元素之外,还含有多种微量元素,这些含有多种营养元素的复(混)合肥料称为多元复(混)

合肥料。复(混)合肥料的品位以含 N-P_2O_5-K_2O(%)的总量来表示,每种养分最低不少于4%。一般总含量在 25%～60%。总含量在 25%～30% 的为低浓度复(混)合肥料;30%～40% 的为中浓度复(混)合肥料;大于 40% 的为高浓度复(混)合肥料。

复(混)合肥料大致可分为三种类型:

a)化成复(混)肥。化成复(混)肥是在一定工艺条件下,用化学合成的方法或者用化学提取、分离的方法制得。具有固定的养分含量和比例,含副成分很少。如磷酸铵、硝酸铵等。

b)配成复(混)肥。配成复(混)肥是根据用户需要,用高浓度的肥料,如尿素、氯化钾、磷酸铵等按照一定比例,经混合制造成粒。这一类肥料的养分含量和比例可按不同的要求配制。由于加工工艺中要加入一定的助剂、填料,所以这类复(混)肥多数含有副成分。

c)混成复(混)肥。这类复(混)肥料是以单元肥料或化成复(混)肥料为原料,只通过简单的机械混合制成。在混合过程中无明显的化学反应发生,只是把几种肥料简单混合,便于施用并提高肥力,因此也称掺混肥料。如由硫酸铵、磷酸铵和硫酸钾固体掺混而成的三元复合肥。这类复(混)肥料的养分含量和比例较宽,针对性强,常含有副成分,一般随混随用,不宜长期存放。

(2)有机肥料

有机肥料是指利用各种有机废弃物料,加工积制而成的含有有机物质的肥料总称,是农村中就地取材、就地积制、就地施用的一类自然肥料,又称为农家肥料。有机肥料来源广泛,品种也相当繁多,一般根据其来源、特性和积制方法,可把有机肥料大致分为五类:

1)粪尿肥类　主要指动物的排泄物,包括人粪尿、家畜粪尿、禽粪、海鸟粪、蚕沙以及利用家畜粪便混以各种垫圈材料积制的厩肥。

2)堆沤肥类　主要指各种有机物料经过微生物发酵的产物,包括堆肥、沤肥、秸秆直接还田以及沼气肥等,秸秆还是家畜垫圈的重要原料。

3)绿肥类　主要指直接翻压到土壤中作为肥料使用的正在生长的绿色植物(植物整体或植物残体),包括栽培绿肥和野生绿肥。目前我国多以种饲料绿肥为主,直接翻耕的绿肥较少。

4)杂肥类　主要指能用作肥料的各种有机废弃物,包括城市垃圾、泥土肥、草木灰、草炭、腐殖酸及各种饼肥等。随着城镇人口的增加和农副产品加工业的增多,杂肥类在有机肥料资源中所占比重越来越大。

5)商品有机肥　包括工厂化生产的各种有机肥料、有机-无机复合肥、腐殖酸肥料以及各类生物肥料。

有机肥在作物生产中的作用是不可代替的。一是所含营养成分丰富、全面;二是能改善土壤理化性状,促进微生物活动,活化养分,为作物优良品质的形成创造良好的生长环境。

2. 新型肥料

肥料是保障作物产量最重要的因素。中国是农业大国,也是当今世界最大的化肥生产国和消费国。肥料在农业生产性支出中占 50%,是农业生产中最大的物资投资。我国之所以能够用占世界 7% 的耕地养活占世界 22% 的人口,关键在于提高粮食作物单位面积产量。在发展中国家的粮食生产中,粮食增产的 55% 归功于化肥的使用。显而易见,化肥在粮食增产上起到了举足轻重的作用。然而,20 世纪 80 年代以来,我国的化肥总量虽然不断增加,但是高施肥水平却导致低的化肥利用率,并呈现利用率不断下降的趋势。据有关资料显示,

国外氮肥利用率为 $50\%\sim55\%$ ，我国氮肥利用率仅为 $30\%\sim35\%$ ，磷肥仅为 $10\%\sim25\%$ ，钾肥为 $35\%\sim50\%$ ，与发达国家水平相差较悬殊。低的化肥利用率导致在作物的一个生长周期中需进行多次施肥，过量肥料在植物根际积累，不仅会破坏植物根系细胞结构，造成盐害，导致作物减产甚至死亡，还会破坏土壤结构，导致土壤退化以及地表和地下水体污染等。

我国新型肥料的研究主要围绕提高肥料利用效率这个核心目标进行。为适应农业可持续发展的需要，开发更加高效的新型肥料成为当今世界各国农业发展研究的重点领域。世界各国都在投巨资发展新型肥料，抢占新型肥料研究的制高点。

目前国内外发展较快的有缓/控释肥料、功能性肥料、全水溶性肥料、有机无机复合肥料、微生物肥料（菌剂）等。

新型肥料泛指应用常规肥料再加工使之具有某些新的特性和功能，或者利用新材料生产出新的肥料品种。新型肥料的研制和开发有其特有的目标，如缓控释肥的目标是减缓或控制养分的释放，使其养分供应与作物需求同步，提高肥料养分的吸收利用，提高利用效率，而水溶性肥料则主要用于水肥一体化相关技术的应用，通过水肥正的交互作用，提高水肥利用效率。

（1）功能性肥料

将营养物质与其他限制作物高产的因素相结合的多功能肥料，是 21 世纪新型肥料发展的重要方向之一。将调理土壤、保水、抗病等功能结合到肥料中去的多功能肥料，对肥料生产工艺提出了新的要求，其技术凝聚了农学、土壤学、植物营养学等领域的相关先进技术。在这一国际农业高技术竞争的重要领域中，美国、日本等国处于世界领先地位；我国虽然起步较晚，但在多功能肥料的开发应用方面也取得了长足进展，有力地推动了我国肥料科技的进步。这些多功能肥料主要包括保水型肥料、改善土壤结构的肥料、提高作物抗性的肥料、具有防治杂草功能的肥料等。

1）具保水功能的肥料

针对我国水资源缺乏的现状，应用具保水功能的肥料抑制土壤水分损失，改善作物水分利用效率，具有重大的现实意义。土壤保水剂具有调节土壤水肥的功能，缓解和协调农业缺水、缺肥，保持和提高土壤中水分、养分有效性的作用，很早就成为各国农业专家关注的对象，高吸水树脂（HWAR）等高效保水剂已经在全球 30 多个国家广泛应用。随着对保水剂研究和应用的不断发展，人们开始将保水剂与传统肥料结合，开发保水型功能肥料，由于HWAR 等保水剂在吸附水分的同时，也可以对水溶液中的肥料产生不同程度的吸附作用，所以一次施用即可达到肥田与保水的双重效果。利用保水材料实现水肥一体化调控，是一个新兴的研究领域。

华南农业大学在我国率先开展了保水型控释肥的研究，利用高吸水性树脂包被尿素和包膜型控释肥料，制成保水型控释肥料，试验结果表明作物的水分利用效率和水分产值效率得到了显著提高。广东工业大学利用湿鸡粪经 EM 细菌发酵和烘干处理后，加入保水剂和增效剂经造粒制成保水有机肥，不仅原有有机肥料营养得以保持，还可明显地改善土壤的团粒结构，提高土壤的保水性能，大大节约灌溉用水。杜建军等开发出以高保水性材料和单质肥料为原料的掺混型节水专用肥，与等养分的复合肥比较，产量增加 5.160，节水率达 27.70% ，同时证明了使用高吸水性树脂以控制养分释放能明显减少肥料的损失。东北林业大学以肥料与羧甲基纤维素、丙烯酸合成了肥料复合型高吸水树脂，吸水倍率为 $400g/g$ ，其中所复合的肥料具有良好的缓释性能,为保水型肥料的开发提供了一种新的思路。

我国对保水型肥料的研究起步较晚,虽然做了一些工作,但要实现产业化所要解决的问题还有很多。①由于高吸水性树脂 HWAR(High Water Absorbent Resin)是一类高分子电解质,容易受到水中离子的影响而使吸水率下降,在用于旱地作物抗旱栽培时,尤其应避免和硫酸钾等电离性强的肥料高浓度混合使用,这就给保水型肥料的开发带来一定困难。选择更适当的保水材料,开发利用适宜覆膜技术解决混合后无机肥料对保水剂吸水效率的负面影响,稳定吸水效率,是保水型肥料研究和应用的一个关键问题。②我国对于保水剂的研究大多局限于保水或者保肥的单因子研究,缺乏水肥一体化调控研究。保水剂同样可用于控制肥料养分的释放,其扩散速率可由聚合物的化学性质控制;将保水剂用作控释材料制造新型保水型控释肥,实现对水、肥的一体化调控,是今后保水功能肥料研究的一个重要方向。③有机肥料不仅在培肥地力、改善作物品质等方面明显优于化学肥料,更具有天然保持土壤水分的功效,而且不会造成保水剂吸水效率下降的问题。应着眼于有机无机肥料的配合,开发有机型保水肥料,使保水型肥料功能更全面、更合理。

2)具改良土壤功能的肥料

随着化学肥料的大量使用,我国农产品的产量大幅度提高,但也给土壤带来了诸如板结、有机质下降、微生态失衡等一系列问题。应用具有土壤改良功能的肥料,改善土壤结构,提高土壤肥力,对农业可持续发展具有重要意义。目前具有调理土壤功能的肥料主要有腐殖酸肥料、膨润土肥料、沸石肥料、有机肥料等。

腐殖酸除本身的营养作用外,对土壤的改良功能复合肥料,试验证明能显著提高肥效。膨润土施用于土壤,可以有助于土壤团粒结构的形成,提高土壤的保肥保水能力;同时还能增强土壤的缓冲性能,吸附有害元素,减轻土壤污染,在环境保护上也具有很大意义。在肥料生产中加入适量膨润土,除起到上述的调理作用外,还可以降低肥料的含水率,防止结块;如果利用膨润土作为肥料的载体,更具一定的缓释功效。膨润土被单纯用于改良土壤的报道较少,但近年来膨润土在我国被广泛用于复混肥的制造,在增强肥料颗粒强度、减小养分损失的同时,还可以改良土壤结构,效果比较明显。

沸石应用于土壤中可以提高土壤盐基交换量,促进团粒结构的形成;另外由于沸石具有很强的吸附力,与化肥混合后,可以提高 N、P 的利用率,延长肥效。将沸石用作载体生产复混肥在我国应用较多,如将沸石与碳铵混合,以减少铵的挥发损失和改善碳铵的物性;另有将沸石与尿素混合做成沸石包衣尿素,沸石与尿素、磷铵或普钙、氯化钾复混做成沸石载体复混肥等多种方法,在一定程度上起到了改良土壤、减轻因化肥施用过多导致的酸化,提高肥料利用率和延长土壤供肥时间,进而提高作物产量的作用。

有机肥料具有改善作物营养,促进养分平衡,协调内源激素浓度与比例,提高作物产量与品质的作用已是不争的事实。随着化肥的出现,传统有机肥因养分浓度低、脏臭等缺点,其地位逐年下降。将禽畜粪便等有机废弃物经发酵处理后的商品化有机肥,保持了有机肥料的许多优点,在改良土壤、培肥地力、改善作物品质上的作用非化学肥料可比。发达国家在有机肥发酵工艺、技术和设备上已日趋完善,基本达到了规模化和产业化的水平。我国商品化有机肥的生产处于起步阶段,生产规模小、效率低、污染较大,关键技术设备等亟待完善。

造纸黑液木素在我国已被广泛用作制造肥料的原料。故当黑液木素作为肥料成分施入土壤时,除了对营养物质的缓释功能以外,还由于木素的胶体性质及结构中具有的丰富酸性基团,可改善土壤团粒结构、提高土壤阳离子交换量和缓冲土壤酸碱性,从而提高土壤保水、保肥、保温和通气能力。

具改良土壤功能的肥料的发展有待研究的问题有:①目前广泛应用的土壤调理剂种类比较多,但是用于制造肥料的还比较少。需要大力开发多种土壤调理剂在肥料中的应用,以期找到进一步提高调理功效与肥效的配方。②膨润土肥料、沸石肥料、木素肥料等除了起到调理土壤的功能外,还具有保持并缓慢释放养分的作用,开发此种具有调理—控释复合型功能的新型肥料是今后工作的重点。③对传统有机肥料产品进行升级改造,开展商品有机肥产业化关键技术研究,搭建我国商品有机肥产业化技术平台,提高有机废弃物资源化利用水平,也是需要进一步研究的问题。

3)具除草功能的肥料

化学除草是提高作物产量和改善品质的有效途径之一。将除草剂和化肥混合加工而成的除草药肥是农药、肥料开发和应用的一个新的方向。除草药肥的优越性在于一次田间作业,便能收到施肥和除草双重效果;并且由于除草剂对土壤中硝化细菌的抑制作用,使之与化学肥料的结合往往表现出良好的互作增效效应。

除草药肥的研究最早始于 20 世纪 60 年代的日本,80 年代后,我国也开始了有关除草药肥的研究。浙江省研制的除草尿素,采用包衣法将除草剂包裹在尿素颗粒外表,由于除草剂对土壤中的氨化细菌有显著的抑制作用,因而能提高尿素的利用率。江苏里下河地区农科所研制与开发的除草药肥—稻麦油系列农作物除草专用肥,采用多重复合技术,药效可增加 10% 以上,综合肥效增加 8.6%,对农田主要杂草的防效在 85% 以上,增产 8%~15%。现在该系列产品已经形成产业化开发,并在长江中下游地区大面积推广应用。我国已形成的除草药肥产品已经比较多,但其中大多数应用效果并不理想。其主要原因在于肥料和除草剂成分相对单一,营养不全面,杀草谱窄。要真正达到高效肥田、除草的双重效果,还需进一步开发研究。根据平衡施肥法则和田间草相,通过试验确定多元肥料和多元除草剂的合理配伍,将平衡施肥技术与化学除草技术相结合,开发出更加高效合理的除草药肥配方及加工工艺。

多功能肥料的研究开发在我国还只是刚刚起步,当前有些新型功能肥料仍处于试验研究阶段,技术还不成熟,应用效果也不稳定,距离产业化生产和大规模推广应用还有很长的路要走。

目前我国在肥料使用上仍以化学肥料占绝大多数,多功能肥料只是在某些特殊作物、特殊土壤上或者在其他的具体条件下进行应用。常规肥料在今后相当长的时间内仍将是肥料应用的主流。推动多功能肥料研究和产业化的发展,是一项系统工程,需要肥料行业同其他领域的协同努力,更需要国家政策上的支持,我国多功能肥料的研制、生产与推广将是一个长期稳步发展的过程。

(2)缓/控释肥料

1)缓/控释肥料

缓/控释肥料广义上是指肥料养分释放速率缓慢,释放期较长,在作物的整个生长期都可满足生长需求的肥料。美国作物营养协会将缓释和控释肥料定义为:所含养分形式在施肥后能延缓作物吸收与利用,其所含养分比速效肥具有更长肥效的肥料。但狭义上缓释肥料和控释肥料定义大相径庭。缓释肥料(slow release fertilizers)是指肥料施入土壤后,转变为植物有效态养分的释放速率比速溶性肥料小;控释肥料(controlled release fertilizers),是考虑作物营养需求规律,结合现代植物营养理论与控制释放的高新技术,通过使用不同的包膜材料,控制肥料在土壤中的释放期与释放量,使养分释放模式与作物生长发育的肥料需求相一致,是缓释肥料的高级形式。缓释肥料只能延缓肥料的释放速度,达不到完全控释的目的,现在所谓的缓/控释肥料包括了控释肥料和缓释肥料。

缓/控释肥料最大的特点是可根据作物吸收养分的规律调整养分供应,做到养分供应与作物吸收同步,同时基本实现一次性施肥满足作物整个生长期的需要,节时省工,损失少,作物回收率高,一般来讲,施用缓/控释肥可以提高肥料利用率50%以上。《国家中长期科学和技术发展规划纲要(2006—2020年)》将研发新型环保型肥料、缓/控释肥料等列为优先发展主题。研发出当季作物的回收率高、损失少、环境友好的缓/控释肥料,在节约资源、实现农业生产与生态协调发展、节本增效和节能减排等方面,均具有十分重要的意义。

作为一种新型化学肥料,缓/控释肥在国际上的研究已有60多年的历史,工业化生产已经50余年。世界上第1个缓释脲醛肥料于1948年面世,由美国K. G. Clart等人合成。1960年以前主要是尿素—甲醛缩合物缓释肥料的初步研究。20世纪60年代后,缓/控释肥主要研究方向为尿素—甲醛缩合物聚烯类等,在肥料中掺杂其他难溶物、添加剂、抑制剂生产缓释肥料。20世纪80年代进入缓/控释氮肥研发突飞猛进的时代,主要研究以硫黄、磷酸镁铵、聚乙烯等作为包裹肥料膜材料以及包裹缓释肥料的理论模型。20世纪90年代缓/控释肥趋于成熟,包括对有机高分子聚合物包膜分解过程和吸附缓/控释肥料的研究等,后来人们意识到有些高分子薄膜材料对环境的污染破坏,包膜材料的研究转向了可生物降解的高分子材料。包膜新材料的研发、新型化学合成缓/控释肥料合成工艺方法的研究及新型缓/控释肥料长期应用对环境影响方面的研究等成了目前的主要研究方向。

美国是世界上最早研究和最大消费缓/控释肥料的国家,占全球消费量的60%,主要以包硫尿素(SCU)为主,还有包硫氯化钾(SCK)、包硫磷酸二铵(SCP)等。改进的包硫尿素在其表面包一层烯烃聚合物,产品名为Polys,此产品售价比聚合物包膜肥料便宜,在美国市场上广泛使用。醇酸树脂包膜肥(Osmocote)仍为世界上最有影响的包膜肥料。

日本是研究与应用控释肥料技术较先进的国家,以高分子包膜肥料为主。20世纪80年代研制出热塑型树脂聚烯烃包膜肥料(Nulricote),与美国Osmocote同为国际知名品牌,该肥料控释氮素100~360d,控释量80%,氮素利用率高达60%~70%,其养分释放具有精确控制和缓释的双重功能。20世纪90年代日本主要生产包膜尿素、热固性树脂包膜及含农药的包膜肥、生物可降解的脂肪族聚酯和微晶石蜡包膜材料,现以生产可降解聚合物包膜肥料为主。

欧洲各国的研究注重于微溶性含氮化合物缓释肥料。德国研究重点为聚合物包膜材料生产包膜肥。法国的缓释肥料用三聚磷酸钠或六偏磷酸钠包裹金属过氮化物作为土壤添加剂;或者用聚合物包膜肥料与微生物结合在一起。西班牙用松树木质素纸浆废液包膜尿素制得系列肥料。荷兰开发了用菊粉、甘油、土豆、淀粉与肥料捏合制成生物可降解的包裹肥。苏联制备包膜肥的专利为脲醛(UF)、铝粉、磷酸和丁二烯胶乳多层包膜及用聚乙烯乙酸脂和磷酸包膜尿素,肥料利用率可提高15%。前捷克斯洛伐克用脲醛树脂包膜尿素,通过改变包膜剂粒度和包膜层厚度来调节养分的释放速度。

在全球范围内,以美国、欧洲、以色列、日本等对缓/控释肥用量较大,多数以经济作物和高效益草坪等用量较大,其中美国、欧盟等主要用于非农业领域,高尔夫球场,草坪,景观植物等,而农业领域主要用在蔬菜、水果等经济作物。可见成本高是限制其在农业大田作物应用的原因之一,与普通肥料相比,缓/控释肥的应用比例仍相对较小。

我国缓/控释肥研究相对起步略晚,但随着近年来农业面临污染、社会资源消耗、增加农业收入等多方面的压力加大,促进了缓/控释肥料行业的技术研发与产业化的发展。2000年以后"十五"期间科技部将环境友好型缓释肥料研究列入863计划,《国家中长期科学和技术发展规划纲要(2006—2020年)》指出:将研发新型环保肥料、缓/控释肥料等列为优先发展主题。

近几年我国缓释肥料发展迅速,主要采取2种技术路线,分别是将肥料进行微溶化和包膜处理来实现肥料养分的缓/控释。前者的代表性产物有脲醛化合物(UF),后者的代表性产物有硫包膜尿素(SCU),聚合物包膜尿素(PCU)等。目前已开发出了具有我国特色的技术和产品种类,包括树脂包膜缓/控释肥料、包裹型肥料、硫包衣缓释肥料、合成型微溶态脲醛类缓释肥料等。中国缓/控释肥料消费量已占到世界的1/3,逐渐成为世界上缓/控释肥料生产和使用的重要国家之一。

但是,目前国内缓/控释肥料的发展还存在以下问题:①国内研制的包衣型缓/控释肥料的成膜材料多以苯、甲苯、石油醚等作为溶剂,毒险较高,有些以三氯乙烯、四氯甲烷等作为溶剂,破坏臭氧层,造成大气污染;②缓/控释肥料价格太高,难以广泛地被农民所接受而应用在大田作物上。

2)缓/控释肥料的类型

根据处理方式可分为物理型缓/控释肥料、化学型缓/控释肥料和物理化学型缓/控释肥料;根据溶解性释放方式可分为降解性因素控制水溶性肥料、微溶性有机含氮化合物、微溶性无机含氮化合物;根据化学性质可分为化学合成微溶性有机化合物、化学合成微溶性的无机化合物、加工过的天然有机化合物、包膜添加成氮肥;根据化学组成可分为包裹缓释肥料、混合缓释肥料、缩合物或聚合物缓释肥料、吸附缓释肥料。

a)物理型缓/控释肥料

经过简单的物理处理使肥料具有缓控性,叫作物理型缓/控释肥料,大多为包膜肥料。一般通过喷涂、加热、干燥等手段,使肥料颗粒表面形成致密的低渗透性膜,进而控制养分溶液从膜内向外部扩散,减慢肥料养分的释放速度。包涂材料包括有机和无机2类,无机化合物包裹膜材料有硫黄、金属氧化物和金属盐等;有机化合物及聚合物包膜材料有不饱和油、石蜡、烯烃聚合物或共聚物、天然橡胶等一些特定的橡胶类物质及热塑性和热固性树脂等。

b)化学型缓/控释肥料

化学型缓/控释肥料分为两类:①是化学添加物不与目标肥料结合,如在目标肥料中添加阻溶性物质,或是在目标肥料中添加养分释放抑制物质,如在尿素中混加脲酶活性抑制剂、硝化抑制剂;②化学添加物与肥料结合形成新物质,养分释放机理是该化合物在外界环境条件的影响下分解,特定化合物与尿素之间的化学键断开,重新生成尿素和特定化合物,然后尿素再释放出植物生长所需的氮素。

c)物理化学型缓/控释肥料

结合物理和化学方法对目标肥料进行处理称为物理化学型缓/控释肥料。

根据缓释材料和加工方式的不同,大致分为两种类型:包膜型肥料、化学抑制型肥料。

a)包膜型肥料

包膜肥料由包裹膜和肥料心组成。肥料心常用的是普通氮、磷、钾单元或多元肥料、含微量元素的复合肥料、含有植物所需营养元素的矿物等。作为肥料心的这些肥料水溶性好,易于被植物吸收,但也很容易流失和浪费,特别是在经常灌溉的田块,这种现象更为严重,因而人们通常在这些肥料的外面包裹上一层膜来阻止或延缓上述现象的发生,从而形成了包膜肥料。美国最早先后进行了包硫氯化钾(SCK)、包硫磷酸二铵(SCP)"控释农药—肥料聚合物"包膜肥料的研究。日本在研究初期学习美国的技术,从 20 世纪 70 年代开始研制热塑性树脂聚烯烃包膜肥料。该包膜剂是由聚乙烯(PE)和乙酸乙烯醋的共聚物(Ethalene vinylaccetate,EVA)和无机填充料滑石粉所组成。PE 可形成水渗透性很低的薄膜,而EVA 能形成水渗透性很强的薄膜。将 PE 与 EVA 按不同的比例混合,便能控制氮的释放速率,添加滑石粉可以调节包膜肥养分释放的温度系数。在众多的日本专利中,以开发可被生物和光降解的聚合物包膜肥料及具有不同养分释放模式的包膜肥料为主体。包膜肥料所用的包裹膜常是一层难溶物或者微溶物。当肥料施入土壤后,包裹膜发生缓慢地溶解、分解或腐化,肥料心暴露,通过土壤中的水分,使肥料被植物缓慢吸收,从而达到缓释的目的。

常用的包膜材料可分为:

天然高分子材料:包括淀粉及其衍生物,动植物胶类,植物蜡和蜂蜡等。

半合成高分子聚合物:纤维素类,淀粉衍生物,黄化木质素,脲甲醛等。

合成高分子聚合物:聚烯烃类热塑性树脂,聚丙烯醇,聚乙烯塑料,泡沫硬塑料,乙烯树脂,丙烯酸树脂等。

混配或改性的高分子聚合物:淀粉及其衍生物与树脂混配并改性。

无机化合物:无机化合物作为包裹膜有硫黄、$MgNH_4PO_4 \cdot 3H_2O$、硅酸盐、磷酸钙、P_2O_5/CaO 玻璃体以及改性氧化物 Al_2O_3 制成的无机物束胶。

b)化学抑制型肥料

该肥料目前主要向两种类型发展,一种是添加服酶抑制剂和硝化抑制剂,调节土壤微生物的活性,减缓尿素的水解和对氨态氮的硝化—反硝化作用,从而达到肥料氮素缓慢释放和减少损失的目的;剂包膜,如乙酸乙烯醋和聚丙烯酰胺共聚物(EVA)既是较好的土壤调理剂,又是较好的肥料包膜剂,通过改变微环境,提高肥料利用率。

缓/控释肥是"肥料的一次革命",是"低碳经济"时代的新型增值肥料,其发展将给农业领域乃至人类生活带来深刻影响和变化,对促进农业可持续发展,构建节约型社会,减轻农民负担等都有十分重要的意义。

(3)水溶性肥料

近年来,我国农业生产水肥资源消耗、浪费现象严重,水肥资源紧缺问题日益凸显,已经成为制约我国农业发展的主要瓶颈,因此,节水节肥是发展特色可持续农业的必然趋势。我国在水资源及化肥资源的双重挑战背景下,以喷灌、微喷灌、滴灌为主要施肥方式的水肥一体化技术正在成为省水、省肥、增效及环保的现代农业新举措。

水溶性肥料是指能够完全溶解于水的多元素复合型肥料。不同于传统的过磷酸钙、造粒复合肥等品种,水溶性肥料可以被作物的根系和叶面直接吸收利用,有效吸收率高出普通化肥一倍多,并且其肥效也比较快,可解决高产作物快速生长期的营养需求。比如在我国山东的寿光地区,当地的村民就对记者表示,当地原来长期使用复合肥,结果大棚内土壤板结,盐渍化加重,不但导致蔬菜病害多发,还导致蔬菜产量低。后来,当地开始改用水溶肥,不仅解决了土壤板结等问题,而且增产增收效果明显。

水溶性肥料不仅利用率高,还有养分含量高、营养全面、节水等优点。普通复合肥总养分在 25% 以上,而水溶肥总养分在 50% 以上,水溶肥还会添加微量元素,营养更全面。而通过水肥一体化技术,水溶肥应用中的节水效率更是惊人。统计显示,利用管道灌溉系统,将液体肥料或水溶性固体肥料溶解在水中,通过管道和滴头形成滴灌,使水和肥料在土壤中以优化组合状态供应给作物供其吸收利用,一般可以节水 30%~70%,节省施肥及灌溉人工 80% 以上,作物普遍增产 30% 以上,并且还能显著改善农产品品质。

水溶性肥料是一种可以完全溶于水的多元复合速效肥料,易被作物吸收,吸收率为普通化肥的 2~3 倍,营养更全面。我国"十二五"规划将水肥一体化的正式纳入以及 2011 年中央一号文件为水溶性肥料的发展提供了良好机遇,2013 年《水溶肥化工行业标准》将水不溶物比例由 5.0% 降到 0.5%,水溶性肥料产业开始迈入规范发展新时代。农业部办公厅印发的《水肥一体化技术指导意见》提出,截至 2015 年水肥一体化技术推广总面积达到 533 万 hm² 以上,新增推广面积 333 万 hm² 以上,实现节水 50% 以上,节肥 30%,粮食作物增产 20%,经济作物节本增收 40 元/hm² 以上。2015 年初农业部推出《到 2020 年化肥使用量零增氏行动方案》,在实现化肥使用零增长的具体措施中,指导意见明确提到:截至 2020 年,水肥一体化技术推广面积 0.1 亿 hm²,增加 533 万 hm²。在相关政策的扶持下,近年来我国水溶性肥料备受业内关注,已成为化肥市场的一大亮点,因此发展水溶性肥料符合我国现代农业发展方式,未来发展空间广阔。

1)水溶性肥料的分类

水溶性肥料简称水溶肥,有广义和狭义之分。广义上的水溶肥包括传统的大量元素单质水溶肥(如尿素、氯化钾等)、水溶性复合肥料(磷酸一铵、磷酸二铵、硝酸钾、磷酸二氢钾等)、农业部行业标准规定的水溶性复混肥(大量元素水溶肥、中量元素水溶肥、微量元素水溶肥、氨基酸水溶肥、腐殖酸水溶肥)和有机水溶肥等。狭义上的水溶肥是农业部行业标准规定的水溶性肥料产品,对养分配方、分类、pH 和水不溶物等都做了严格的登记规定,对于产品的适用性、针对性和复合化等方面都有很大促进作用。与传统的复合肥产品相比,通过滴灌施用方式可以使水溶性肥料养分更容易被作物吸收,且利用率相对较高,其吸收率高出普通化肥 1 倍多,能达到 70%~80%,更为关键的是可以通过与喷灌、滴灌等农业设施相结合,实现水肥一体化,达到省水省肥省工的效果。在目前水资源短缺的情况下,水溶性肥料成为保证农业持续、高效发展的有效途径之一,是未来肥料发展的主要方向之一。

用于水溶性肥料生产的功能性原料包括:

a)腐殖酸

叶面喷施腐殖酸可引起植物叶面气孔关闭,起到抗旱作用;增强作物抗逆性能;增加土壤团粒结构,改善孔隙状况;提高土壤阳离子吸收性能,增加土壤保肥能力。

b)浓缩糖蜜发酵液

以甘蔗糖蜜、淀粉、甜菜抽出物等为主要原料,经深层液态微生物发酵技术发酵,再经浓缩制成,主要成分为氨基酸与生化黄腐酸,广泛用于肥料、饲料产业。

c)氨基酸

能够促进植物根系吸收养分、改良作物品质等。氨基酸可以螯合微量元素,促进植物的吸收和运输。

d)海藻肥

除为作物提供 N、P、I、Fe、B、Mo 等元素外,还含其他活性物质如海藻多糖及低聚糖,其吸水性和对无机离子、重金属离子的螯合作用强,能提高植物机体免疫力。海藻中含有植物内源生长素和类植物生长素。

e)微生物及益生菌

能够活化并促进植物对营养元素的吸收;产生多种生理活性物质,刺激调节植物生长激素、酸类物质等;产生多种抑病物质,提高植物的抗逆性,间接促进植物生长。

现代农业的一个基本特征是在可持续发展的前提下,以现代科学技术和现代化设备为支撑,提高资源产出率、劳动生产率和农产品商品率,其中,科学施肥是现代化农业的核心技术之一。水肥一体化技术,能满足设施农业、高效农业的需要,进一步提高肥料有效成分的利用率,减少化肥投入,保护生态环境,将成为现代化农业发展的必然趋势。针对阻碍水溶性肥料推广发展的问题,可以采取一定的措施与对策予以解决。随着我国农业现代化的推进,节水灌溉也正在加速发展,水肥一体化技术的推广将给水溶性肥料带来巨大商机,水溶性肥料正朝着高效化、多效化、速溶化的方向发展,新型的水溶肥料产品将不断出现,从而适应我国农业新形势日益发展的需求。

(4)微生物肥料

近年来,大量使用化肥带来的环境污染、土壤板结、地力衰退、生态恶化等问题日益严重,破坏了环境,影响了土壤肥力,降低了农产品的品质。另外,化肥利用率的逐年降低,致使农业成本增加,生产效益降低。为了实现农业的可持续发展,达到高产、优质、高效、生态、安全的目的,世界各国都在积极寻求更好的解决方案。微生物肥料以其改良土壤、增加产量、提高品质且保护环境等特点而成为研究的热点。微生物肥料中特定的功能微生物通过自身的生命活动促进土壤中物质的转化、提高作物营养水平、促进和协助营养吸收、刺激调控作物的生长,防治有害微生物等,从而达到增加作物产量和提高作物品质的目的。

世界上最早的微生物肥料是 1895 年德国推出的"Nitragin",根瘤菌接种剂。到 20 世纪三四十年代,美国、澳大利亚、英国等国家都有了自己的根瘤菌接种剂产业。除了根瘤菌以外,很多国家在其他一些有益微生物的研究和应用方面也做了大量的工作。1901 年荷兰学者别依林克首次从运河水中分离出自生固氮菌。之后,苏联及东欧的一些国家将从土壤中分离出来的硅酸盐细菌、解磷细菌及固氮菌应用到农业生产。20 世纪 60 年代以后,世界各国都加强了对微生物肥料的研究并取得了一定的进展。

中国微生物肥料研究始于 20 世纪初对于根瘤菌的研究。在著名的土壤微生物专家张宪武带领下利用大豆根瘤菌接种技术,使得当时大豆的平均产量增加 10% 以上。中国在 20 世纪 50 年代末开始生产和使用微生物肥料,先后推广使用了固氮绿藻肥料、5406 抗生素肥料、VA 菌根以及作为拌种剂的联合固氮菌和生物钾菌。微生物肥料发展的总趋势是所用菌种范围不断扩大,应用中强调多菌种和多功能的复合,甚至是菌剂和有机、无机肥料的混合。在总结微生物肥料研究、生产及应用经验的基础上,又推出了微生态制剂、联合固氮菌肥、生物钾肥、生物有机复混肥、有机物料腐熟剂等适合农业发展的新品种,其中的植物根际促生菌(PGPR)已成为目前研究的重点微生物肥料,其以增产明显,改良品质,特别是对微生态环境的保护作用,越来越受到人们的认可,同时国家也进行了政策和资金的扶持,并制定一系列行业标准进行规范。中国在1994年由农业部颁布了《微生物肥料标准》,对微生物肥料的技术要求和检测方法提出了具体规定,这是中国微生物行业的第一个标准,之后又不断进行了一系列的修改和补充,对于规范市场、引导科研、提高品质和安全起到了积极的监督、引导作用。近年来,受益于国家政策和产业化专项,微生物肥料产业发展迅速。2014年召开的"第五届全国微生物肥料生产技术研讨会"指出,我国微生物肥料年产量已突破1000万t,应用面积超过1333万hm^2(2亿亩),成为肥料应用的新趋势,其应用几乎遍布所有农作物。

1)微生物肥料的分类

我国微生物肥料种类繁多,暂时还没有完整统一的分类系统。根据分类的标准不同,有如下几种分类方法:

按作用机理可将微生物肥料分为两类:一类是狭义的微生物肥料,指通过微生物的生命活动增加植物营养元素的活性和供应量,进而增加产量,即含有肥料特性的微生物制剂,这类产品虽不具有养分,但却有肥料的功能。另一类是广义的微生物肥料。略有或没有养分供应功能,但却有其他功效,如刺激植物生长或拮抗某些病原微生物的致病作用,降解有害污染物等。这类微生物肥料更应该称为"微生物制剂"而不是肥料,但现都统称为微生物肥料,在农业部统一登记备案。

按照微生物种类划分:细菌肥料,如固氮细菌肥料、溶磷细菌肥料、解钾细菌肥料;真菌肥料,包括外生菌根菌剂和内生菌根菌剂两种类型,如丛枝菌根、菌根菌剂、兰科菌根菌剂;放线菌肥料,如抗生素菌肥;藻类肥料,如固氮蓝藻等。

根据功能不同,又可分为溶磷微生物肥料、解钾微生物肥料、有机质分解微生物肥料等,如豆科植物接种剂和土壤磷素活化剂等。同一类功能的微生物肥料也可以是不同微生物种类的肥料,如溶磷菌肥,既可以是细菌肥料也可以是真菌肥料,因为同一微生物具有不同功能或不同微生物具有相同功能的现象非常普遍。

根据含有微生物种类的多少,又可分为单一微生物肥料或复合微生物肥料等。复合微生物肥料,即多种微生物通过一定比例混合在一起所形成的微生物制剂。微生物与有机肥结合成生物有机肥,微生物与化肥混合成生物复混肥,微生物与有机肥和化肥结合成生物有机无机复合(复混)肥等。

农业部登记的微生物肥料产品共有9个菌剂类品种(根瘤菌剂、固氮菌剂、溶磷菌剂、硅酸盐菌剂、菌根菌剂、光合菌剂、有机物料腐熟剂、复合菌剂和土壤修复菌剂)和2个菌肥类品种(复合生物肥料和生物有机肥料)。

2)微生物肥料的主要功效

施用微生物肥料旨在改善土壤营养状况,增加植物营养元素供应,产生植物激素促进植物生长和减轻植物病害等。概括起来主要有5个方面的作用:

a)增加土壤肥力

肥料中的固氮菌可以增加土壤中的氮元素的含量,硅酸盐类微生物可以将土壤中难溶态的磷、钾降解成可被农作物吸收利用的状态,从而改善作物生长时土壤环境中营养元素的供应状况,同时增加土壤中有机质含量,提高土壤肥力。

b)促进植物生长

许多微生物能够产生植物激素,如赤霉素、细胞分裂素、脱落酸、乙烯、酚类化合物及其衍生物等植物激素,烟酸、泛酸、生物素、VB12 等维生素以及核酸类和水杨酸都能不同程度地刺激和调节植物的生长,使植物生长健壮,营养状况得到改善。

c)降低植物病虫害

研究证明,多种微生物可以诱导植物的过氧化物酶、多酚氧化酶、苯甲氨酸解氨酶、脂氧合酶、几丁质酶、B-1,3 葡聚糖酶等参与植物防御反应,利于防病、抗病。有的微生物种类还能产生抗生素类物质,有的则由于在植物根区形成优势种群,使病原微生物难以生长繁殖而降低了作物病虫害的发生。

d)协助植物吸收营养

微生物肥料中最重要的品种之一是根瘤菌肥,其中的根瘤菌可以侵染豆科植物根部,在根上形成根瘤,生活在根瘤里的根瘤菌类菌体利用豆科植物寄主提供的能量将空气中的氮转化成氨,进而转化成谷氨酰胺和谷氨酸类植物能吸收利用的优质氮素,供给豆科植物一生中氮素的主要需求,既能被全部利用,又无污染问题。

e)减少化肥使用量,降低成本

使用微生物肥料能够适量减少化肥的用量,另外微生物肥料所消耗的能源要少,成本更低,有利于生态环境保护。

3)微生物肥料的作用机制

目前人们对微生物肥料中有益促生菌的认识已经到了基因组学、蛋白质组学、细胞学以及植物与环境互作的关系上,促生菌的作用机制主要包括:诱导植物产生生长激素、产生嗜铁素提高土壤中铁活性、提高土壤中可溶性氮、磷、钾以及增强植物对病原菌和环境胁迫的抗性和忍耐力等。根际促生菌的作用机理综合起来可以分为促进植物生长机制和生物防治机制。

三、肥料与生态环境

20 世纪 80 年代以来,我国化肥施用量与日俱增,2010 年达到 5545 万吨,是 1980 年用量的 4.4 倍。目前,我国是世界第一大化肥使用国,化肥用量占世界总用量的 30% 以上,单位面积用量也超过欧洲平均水平。国际公认的化肥施用安全上限是 225 公斤/公顷,而我国单位面积平均施用化肥量超过 400 公斤/公顷,接近安全上限的 2 倍。然而,任何种类和形态的化肥,施用到农田后,都不可能全部被植物吸收和利用。据统计,化肥利用率分别为氮 30%～60%、磷 20%～25%、钾 30%～60%。由此可见,每年约有 1000 多万吨的肥料养分流失。这不仅造成了巨大的经济损失,而且对土壤、水体、大气、生态及人体健康造成严重污染和危害。

(一)化肥污染的危害

1.化肥污染对土壤的危害

化肥施用量增加对土壤产生的不良影响,主要表现在:增加了土壤重金属与有毒元素;导致土壤硝酸盐积累;破坏土壤结构,促进土壤酸化;降低土壤微生物活性。从而改变了土壤的理化性状,降低了土壤肥力和再生产能力,产生追施化肥的恶性循环。长期过量而单纯地施用化肥,土壤溶液中和土壤微团上有机、无机复合体的铵离子量增加,可与土壤中的氢离子起代换作用,致使土壤酸化;同时,还能溶解土壤中的一些营养物质,如钾、钙、镁等,在降雨和灌溉的作用下,向下渗漏到地下水,使土壤中的营养成分流失;造成土壤胶体分散,破坏了土壤结构,使土壤贫瘠化,并直接影响农业生产成本和作物的产量及品质。施用氮肥造成土壤硝酸盐污染和土壤次生盐渍化。由于土壤的硝化作用,使土壤富有硝酸盐和亚硝酸盐,从而导致种植的各种作物中硝酸盐含量大大增加,危害人类健康。有些化肥中含有多种金属、放射性物质、有机污染物和其他有害成分,这些成分随施肥进入农田造成土壤污染。例如,随磷肥施用,镉、锶、氟、铀、镭等元素也进入土壤。施用磷肥过多,会使土壤含镉量比一般土壤高数十倍,甚至上百倍,长期积累造成土壤镉污染。大量盲目施用化肥,用养不结合,造成土壤有机质缺乏,土壤微生物和蚯蚓等有益生物减少,进一步影响了土壤微生物的活性,降低了土壤肥力。

2. 化肥污染对水体的危害

在农业生产中,化肥是水体富营养化的主要氮源和磷源。例如,不根据土壤养分和作物需求,大量施用氮肥,过剩氮素将随农田排水进入河流、湖泊;旱田因地面坡度、施肥后进行强烈灌溉或遇雨水冲刷,会使氮素随地表径流而损失;水田施用氨水、硫酸铵等铵态氮肥后,过早排水,也使氮素随排水进入水源,导致水中营养物质含量增加。最终致使水生生物的大量繁殖,水中溶解氧含量降低,从而形成厌氧条件,造成水质恶化,严重影响鱼类生存,引起鱼类大量死亡和湖泊老化。化肥除地表流失外,还会随水淋失,污染地下水。化肥中的硝酸盐和亚硝酸盐随土壤内水流移动,透过土层经淋洗损失进入地下水。例如,硝酸铵施入土壤后,很快解离成铵离子和硝酸根离子,硝酸根离子因土壤矿质胶体和腐殖质带大量负电荷受到排斥,很容易随水向下淋失,其淋失量随氮肥用量和灌溉量的增加而加大。大量使用磷肥,也会引起地下水中镉离子等升高。钾肥的使用会使地下水的化学类型变得复杂化。农业上长期大量施用化肥是造成地下水硝酸盐污染的重要原因。研究表明,地下水中的硝酸盐含量增加主要是由施氮过量引起的。地下水中硝酸盐和亚硝酸盐含量过高,将对饮水人畜造成严重危害。亚硝酸盐类在一定条件下会产生致癌物质亚硝胺,成为癌症发生的主要环境因素之一。

3. 化肥污染对大气环境的危害

化肥对大气的污染主要集中在氮肥上。施用于农田的氮肥,一部分以氨气、氮氧化物气体进入大气,造成一系列的影响。一般地表施硫铵 3 天后损失氮素 7%,硫酸氢铵损失 10%。还有相当数量的氮肥以有机或无机氮形态的硝酸盐进入土壤,在土壤微生物反硝化细菌作用下,会以难溶态、吸附态和水溶态的氮化合物还原成亚硝酸盐,同时转化生成氮和氮氧化物进入大气,使空气质量变坏。特别是氧化二氮气体,在对流层内较稳定,上升至同温层后,在光化学作用下,与臭氧发生双重反应,从而降低臭氧量,破坏臭氧层,使到达地面的紫外线增加,对植物、微生物产生影响,并可引起人和动物发生皮肤癌。氮肥的施用对其他温室气体,如 CH_4,CO_2 的释放也有影响。随着农业集约化程度的提高,化肥的大量施用将会促进农田 CO_2 的排放。

4. 化肥污染对农产品及食物链的危害

过量施用化肥,不但造成肥料养分损失,而且对植物的新陈代谢产生不利影响。在这种情况下,植物体内可能积累过量的硝酸盐和亚硝酸盐。过量的硝酸盐和亚硝酸盐在植物体内积累一般不会使植物受害。但是这 2 种化合物对动物和人都有很大的毒性,特别是亚硝酸盐,其生物毒性比硝酸盐大 5～10 倍,亚硝酸盐与胺类结合形成的 N-亚硝基化合物则是强致癌物质,食品和饲料中亚硝酸盐含量过高,曾引起小儿和牲畜中毒事故。植物性产品中高含量的硝酸盐会使其产品品质明显降低。农业生产中施用过多的磷肥,可与土壤中的铁、锌形成水溶性较小的磷酸铁和磷酸锌,使农产品中铁与锌的含量减少,人畜食用后,往往造成铁、锌营养缺乏性疾病。又因磷肥中镉含量较高,长期积累致使土壤和动植物体内镉含量显著增加,从而造成次生危害。

(二)肥料中的潜在危害因子及其研究现状

随着 WTO 贸易的不断深入,国际上对肥料中一些限量物质的检测指标要求越来越高,新的潜在性危害物不断出现(如 POPs——持久性有机污染物、抗生素、MEL、DMP、Dioxins,等)。欧美等发达国家均建立了不同类别及用途的有机肥和化肥的质量标准。如欧、美将有机肥分为 2 或 3 个等级,如 A$^+$(用于有机农业)、A(用于农业和儿童公园)、B(用于园林、土地整治)。不同级别有害物质的限量值差别甚大。我国是肥料生产大国,但对肥料中尤其潜在的新型有毒有害危险物因子的检测、有害因子的分布及转移、吸收/降解风险评估及应对措施、危险物质的限量/阈值评价研究几乎是空白。加强组织开展化肥及肥料中有毒有害和潜在危害物质的检测方法标准的研究、新型危害因子的迁移转化风险(安全)评价,具有重大的现实意义。

首先值得关注的是三聚氰胺。近年来,由于超高的含氮量,三聚氰胺已引起人们将之用以氮肥的极大兴趣。新型肥料如缓释肥/复混肥能否将含氮量高达 66.6% 的三聚氰胺用作氮素养分,一直是没有完全解决的问题。由于使用三聚氰胺的化工原料废渣存在普遍(我国每年有上百万吨)。梁英采用室内模拟、盆栽试验相结合的方法表明,三聚氰胺废渣全氮含量为 50.01%,养分释放缓慢,可以作为生产缓释氮肥的原料进行资源化再利用。中、美、德等国曾利用反刍动物瘤胃中的微生物能利用非蛋白氮来合成肌体所需的氨基酸和蛋白质来添加三聚氰胺(李玲,1996)。Hauck(1964)和 Mosdel 研究表明,三聚氰胺中的氮素可以在微生物作用下被植物吸收利用。然而,也有报道指出,三聚氰胺肥料能大量转移至农作物中。目前国内外有关肥料中三聚氰胺对土壤及其农作物生物风险评价尚缺乏系统研究,肥料中三聚氰胺对植物性农产品的风险,是否能转移至农作物果实中,国内外的研究报道极不一致。值得警惕的是上海出入境检验检疫局最近对相关进出口肥料样品的普查结果显示,近20%～30%的缓释肥、复合肥含有相当量的三聚氰胺。开展肥料/土壤中三聚氰胺的检测,尤其降解、转移风险评价研究,将能科学地提出其限量和监控指标。

其次,有机肥、生物有机肥品种繁多。我国至今尚未出台相关的标准和法规对其进行分类和有效监管。近年来,由于有机生物肥料施用偏少,土壤板结、保肥、保水和缓冲能力下降等一系列问题开始凸显。农作物的免疫力减弱,各种病虫害也越来越频繁。各界之士均已认识到推广施用有机肥势在必行。从 2004 年至今,中央“1 号文件”连续六年提出,实施“沃土工程”和“农业生态保护”。有机肥、生物肥企业雨后春笋般冒出,但一系列的问题也接踵而至。2010 年 3 月,广东省化肥质量检测所对抽查的 18 个批次的商品有机肥中,合格率仅为 16.7%。有机生物肥中抗生素、激素以及 POPs(持久性有机污染物)如多环芳烃(PAHs)、DMP 等,几乎没有检测方法和标准。尤其肥料中的 POPs 禁限物质因子是当前国际上十分关注的对象。一方面这些污染物因子来自现代工业中的新型有害物质的残留背景,目前尚无法根除(除非采用更新工艺、提高工业技术来避免),需要高度重视;另一方面,国际上的协同禁限,对其肥料中 POPs 禁限因子存在与否的合格评定就显得极为重要。莫测辉等在 21 种肥料中,几乎均检出邻-苯二甲酸二甲酯(DMP),以及 DMP 的同系物,多环芳烃(PAHs),六氯环戊二烯等。这给赖以生存的农作物带来了巨大的食品安全风险,对人体健康构成极大威胁。肥料中这些新的有毒有害和潜在危害的物质、禁用物质等已受到世界的关注。欧美国家已开始了本国范围的农用化肥的安全风险普查和评估。我国对当前使用的各种化肥肥料存在的上述危害因子状况还没有确切的数据,有关迁移转化风险研究处于空白状态。随着畜禽产品的集约化,畜禽排泄物用作有机肥料时,其所含抗生素(如阿维拉霉素)、激素(如雌醇)也正日益成为农业生态环境的污染源,有些甚至会直接影响食用消费者的身体健康。如最近报道的某家企业奶液含有的致癌病毒是由于奶牛食用饲料含有黄曲霉素等病菌引起。研究生物有机肥中上述有害因子残留在植物等食物链中传递、迁移、检测等,将具有非常重要的前瞻性意义。

对肥料中可能存在的三聚氰胺、抗生素、有机污染物(DMP,多环芳烃 PAHs)进行标准方法制定和普查检测;对有代表性的、典型的危害因子,如三聚氰胺、抗生素(如阿维拉霉素等),在肥料中的溯源、迁移、吸收、降解进行较为深入的风险评估和安全评价,无疑对我国农业密切相关的肥料安全使用、有害因子限量设置和监管,提供了强有力的技术支撑和科学依据,对于保护土壤生态环境、保障食用农产品安全具有重要的理论和实践意义。化肥的合理生产与科学消费是提高养分资源效率、保持生态平衡和环境优美、实现我国可持续发展的核心。

第一章　土壤与肥料中的潜在有害因子

第一节　三聚氰胺

一、三聚氰胺的基本性质

三聚氰胺(Melamine),简称三胺,又称密胺、三聚氰酰胺、氰脲三酰胺,是一种三嗪类含氮杂环有机化合物。三聚氰胺及其同系物的结构式如图 1-1 所示。

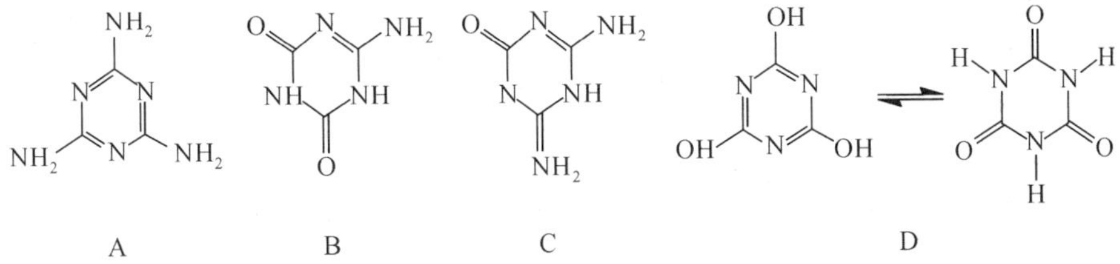

A. 三聚氰胺;B. 三聚氰酸一酰胺;C. 三聚氰酸二酰胺;D. 三聚氰酸
图 1-1　三聚氰胺及其同系物的分子结构

三聚氰胺最早于 1834 年由德国化学家 von Liebing J 采用双氰胺法合成,分子式 $C_3N_6H_6$,$C_3N_3(NH_2)_3$,分子量为 126.12,是一种白色单斜棱晶体。无味,在常压下,354℃下可分解。能溶于甲醛、乙酸、热乙二醇、甘油、吡啶,微溶于水、乙醇,不溶于乙醚、苯和四氯化碳。

通常情况下三聚氰胺性质较稳定,但在高温下会分解,释放出氰化物、氮氧化物和氨等有毒物质。由于其呈弱碱性(pH＝8),故能与大多数酸反应,形成三聚氰胺盐。在中性或微碱性情况下,与甲醛发生缩合反应,生成羟甲基三聚氰胺。在微酸性条件下(pH 值 5.5～6.5),与羟甲基的衍生物发生缩聚反应,生成树脂产物。三聚氰胺遇到强酸或强碱水溶液,会发生水解反应,氨基逐步被羟基取代,先生成三聚氰酸二酰胺,进一步生成三聚氰酸一酰胺,最终生成三聚氰酸,这三者均为三聚氰胺的同系物。

三聚氰胺本身毒性较小,1994 年国际化学品安全规划署和欧洲联盟委员会合编的《国际化学品安全卡手册》第三卷说明:长期或反复大量摄入三聚氰胺可能对肾与膀胱产生影响,导致产生结石。

三聚氰胺是一种用途广泛的基本有机化工中间产品,最主要的用途是作为生产三聚氰胺/甲醛树脂(MF)的原料,部分亚洲国家也用来制造化肥。该树脂硬度比脲醛树脂高,不易燃、耐水、耐热、耐老化、耐电弧、耐化学腐蚀,有良好的绝缘性能、光泽度和机械强度,广泛用于木材、塑料、涂料、造纸、纺织、皮革、电气、医药等行业。其用途主要有以下几个方面：

（1）装饰贴面板：可制成防火、抗震、耐热的层压板，色泽鲜艳、坚固耐热的装饰板，作飞机、船舶和家具的贴面板及防火、抗震、耐热的房屋装饰材料。

（2）涂料：用丁醛、甲醇醚化后，作为高级热固性涂料、固体粉末涂料的胶联剂，可制作金属涂料和车辆、电器用高档氨基树脂装饰漆。

（3）模塑粉：经混炼、造粒等工序可制成密胺塑料，无毒、抗污，潮湿时仍能保持良好的电气性能，可制成洁白、耐摔打的日用器皿、卫生洁具和仿瓷餐具，电器设备等的高级绝缘材料。

（4）纸张：用乙醚醚化后可用作纸张处理剂，生产抗皱、抗缩、不腐烂的钞票和军用地图等高级纸。

（5）三聚氰胺—甲醛树脂与其他原料混配，还可以生产出织物整理剂、皮革鞣润剂、上光剂和抗水剂、橡胶粘合剂、助燃剂、高效水泥减水剂、钢材氮化剂等。

二、三聚氰胺及其同系物的生理毒性

2007 年 3 月，含有中国进口蛋白粉的宠物食品在美国引发猫狗死亡，始作俑者就是三聚氰胺。2008 年 8 月，我国爆发的三聚氰胺奶粉制品事件涉及的面之广，性质之恶劣，危害之大到了令人发指的地步。2010—2011 年三聚氰胺竟"重现"，又有多家企业因涉嫌生产、销售三聚氰胺超过国家标准的乳制品被监管部门依法查处，甚至还有报道广东潮安县几家食品公司曾经购入含三聚氰胺的问题奶粉来加工奶糖等食品。

三聚氰胺为何会出现在食品当中呢？蛋白质主要由氨基酸组成，其含氮量一般不超过30％，平均含氮量为 16％。各个品牌奶粉中蛋白质含量为 15％～20％，如以 18％计算，含氮量为 2.88％。而三聚氰胺含氮量为 66.6％，是蛋白质平均含量的 4.16 倍，牛奶的 151 倍，奶粉的 23 倍。每 100g 牛奶中添加 0.1g 三聚氰胺，就能提高 0.4％蛋白质。食品工业历来通用的蛋白质测试方法为凯氏定氮法，通过测定总氮来估算蛋白质含量。这种方法只能知道氮的总量，不能识别氮的来源和氮源的种类，正是由于食品和饲料工业蛋白质含量测试方法的缺陷，给不法商人留下了制造伪劣食品的空间。三聚氰胺是一种白色结晶粉末，没有什么气味和味道，掺杂后不易被发现，常被不法商人用作食品添加剂，以冒充食品中的蛋白质，因此三聚氰胺也被人称为"蛋白精"。

然而，大量研究发现，三聚氰胺及其同系物对人和动物的危害不容忽视。

（1）对泌尿系统的毒性

三聚氰胺进入体内后主要通过肾脏排泄，血液经滤过、重吸收到最后形成终尿大约要经过 1000 倍浓缩，三聚氰胺被浓缩后达到一定程度就可以与其在体内分解后形的三聚氰酸形成结晶结构，损害肾脏，最终导致肾功能衰竭，所以有很强的肾脏毒性。三聚氰胺在动物体内的代谢方式是一种惰性代谢，主要以原体的形式经尿液排出体外。有研究表明，三聚氰胺和三聚氰酸对年幼的大鼠较年长的大鼠产生更为严重的肾损伤和更多的结晶沉积，且雄性大鼠较雌性大鼠更易发生肾损伤和肾结晶沉积。也就是说对年幼的、雄性的大鼠发生肾结晶沉积和肾功能衰竭的危险性更高。此外，曾有人对不同性别、尿液 pH 值等因素对形成三聚氰胺相关结石风险进行研究，结果显示，男性以 2.4：1 的比例较女性易发生肾结石；酸性尿液与正常尿液以 1.78：1 的比例较正常尿液增加了产生三聚氰胺相关肾结石的风险。

王玉燕等人发现大鼠每日染毒 25mg/kg 体重,5 周后肾脏由于结晶体的挤压使肾组织严重缺血呈土黄色沙石样改变。对狗的慢性毒性研究发现,三聚氰胺能导致肾纤维化,远曲小管和集合管上皮增生、扩张,同时还导致甲状腺萎缩和淋巴细胞浸润,此外还可引起钙质沉着等。Chen 等利用大鼠对三聚氰胺和三聚氰酸混合物进行了 3 个月的亚慢性毒性检测,也发现了肾脏中混有坏死细胞碎片及炎性细胞。Park D 等经研究证实,三聚氰胺和三聚氰酸混合攻毒时具有很强的剂量依赖性,剂量达到 400mg/kg 时肾毒性加剧,会引起急性间质性肾炎、肾小管严重扩张、肾小球萎缩。蔡仕彬等研究了三聚氰胺在 SD 大鼠胚胎发育过程中对胎鼠肾的致病性,发现三聚氰胺通过胎盘屏障进入胎鼠体内,沉积在肾脏,对胎鼠肾生长发育具有损伤作用,损伤主要在肾小管和肾间质,也有研究认为三聚氰胺或三聚氰酸对成年鼠的肾毒性大于新生鼠。Reimschuessel R 等研究发现鳃鱼和鳟鱼对三聚氰胺和三聚氰酸也较为敏感,而且由于鱼类排泄较哺乳动物慢,所以受损害更严重。

黄新凤等在病理学检测中发现三聚氰胺高剂量组可引起膀胱组织瓣膜下水肿、血管扩张,局部可见瓣膜上皮脱落,部分膀胱组织可见膀胱内沉积物,证明其攻毒后对实验动物膀胱的毒性。

(2)对消化系统的毒性

一般认为三聚氰胺在胃内可能由胃酸催化,部分水解生成三聚氰酸,再吸收入血发挥其毒性到达各脏器发挥其毒性。经检测三聚氰胺在血中、肝内和血浆中的浓度基本相同,说明其是在体液中分布的,并不在肝脏中代谢。但研究还是发现蛋鸡饲料中单独添加 $10\sim30$mg/kg 三聚氰酸会使肝细胞肿大、出现空泡变性。谢志辉等研究发现,随着三聚氰胺与三聚氰酸混合剂量的升高,Bax 蛋白表达量逐渐增多,且三聚氰胺与三聚氰酸混合高剂量情况下能诱导肝细胞发生凋亡。调控肝细胞凋亡的基因主要为 Bax、Caspase-3,而凋亡抑制基因 Bcl-2 则与三聚氰胺和三聚氰酸诱导小鼠肝细胞凋亡的调控无关。通过对小鼠肝脏解剖可见,混合剂量越大,肝脏组织发生病变越严重。

(3)对神经系统的毒性

江泉观等发现大鼠连续 4 个月以上吸入三聚氰胺会出现中枢神经系统功能紊乱。在体外试验中,Wang Y 等研究了三聚氰胺及其混合物对大鼠海马神经元细胞的影响,发现不仅混合物会损害神经细胞,甚至低水平的三聚氰胺对培养的海马神经元细胞也会产生损伤。Han Y G 等评估了三聚氰胺对已分化 PC12 神经细胞的影响,结果表明三聚氰胺引起早期细胞凋亡主要浓度范围是 $33\sim3300$mg/L,并呈浓度依赖性,在 3300mg/L 以下几乎不会引起分化的 PC12 细胞坏死,并认为三聚氰胺通过引起细胞凋亡来抑制分化的 PC12 细胞的增殖,并且氧化应激参与了这一过程。

(4)对生殖系统的毒性

Yin 等研究发现,三聚氰胺及其与三聚氰酸混合均对小鼠的睾丸有一定的毒性作用,表现在生精细胞层数减少,核肿大、溶解且染色不均。此外,曲精小管某些部位的精子数减少或无成熟的精子,并导致睾丸间质细胞和各级生精细胞的形态结构发生了改变。三聚氰胺及其与三聚氰酸混合均可以诱导小鼠睾丸生精细胞发生凋亡,且二者混合较三聚氰胺单独作用毒性更强。Chang 等研究发现三聚氰胺及其与三聚氰酸混合作用均会使精子畸形率明显升高($p<0.05$),并抑制睾酮的分泌,促进雌二醇的分泌。有研究表明与对照组和三聚氰酸组相比,三聚氰胺组小鼠早期和晚期胎儿死亡数显著增加($p<0.05$)。研究还发现在羊水

中有三聚氰胺,这说明了三聚氰胺可以从母体转移到胎儿体内,并且发现当母体摄入高剂量的三聚氰酸后也可以在羊水中检测到三聚氰酸。

(5)对免疫系统的毒性

Yoon Y S 等的研究数据表明饲喂三聚氰胺组小鼠的白细胞、中性粒细胞、淋巴细胞、单核细胞、嗜酸粒细胞、嗜碱粒细胞的数量均有所减少。另外,饲料中添加三聚氰胺对吉富罗非鱼血清总蛋白及全血的白细胞数、血红蛋白及血小板数都会产生显著影响。关于过敏反应,Lazarov A 发现 83 例纺织性皮炎病例中约 20.7% 源于对三聚氰胺甲醛和乙烯脲三聚氰胺甲醛过敏,Garcia Gavin J 等也报道了因三聚氰胺—甲醛树脂职业暴露所致的背部和手腕部位湿疹,皮肤斑。

(6)细胞毒性

针对细胞毒性,目前国内外研究多数集中在三聚氰胺及其同系物对动物的肾细胞、神经细胞的影响。尹荣焕等的研究表明,三聚氰胺及其与三聚氰酸混合作用都会对 Vero 细胞产生一定的毒性,能够使 Vero 细胞的形态发生改变,抑制细胞的增殖,干扰 Vero 细胞对中性红的摄取率,并且二者混合作用对 Vero 细胞毒性比三聚氰胺单独作用毒性更强。Wang Z F 等研究了三聚氰胺对单细胞真核生物模型—纤毛类原生动物梨形四膜虫的细胞毒性作用,发现三聚氰胺不仅对梨形四膜虫的生长速率具有抑制作用,而且可以使细胞发生形变。

(7)遗传毒性及致癌性

Ronald E Banes 等指出向 5 只刚断奶的乳猪静脉注入 6.13mg/kg 的三聚氰胺,收集超过 24h 的血样,用紫外高效液相色谱仪来分析,然后与在小鼠上的研究比较,发现三聚氰胺也引起了乳猪膀胱结石和其过渡期的细胞增生。Kumura M 等证实饲喂含 30mg/kg 三聚氰胺饲料能诱发 344 鼠膀胱肿瘤和输尿管肿瘤,研究者已利用三聚氰胺处理小鼠成功复制出泌尿道肿瘤模型。张国文等研究发现三聚氰胺通过嵌插的方式作用于 DNA 的加合位点,通过形成 DNA 加合物的形式对 DNA 造成损伤作用,并有可能使 DNA 产生诱变。林居纯等对昆明小鼠进行三聚氰胺微核试验、精子畸形试验及致畸胎试验的研究发现,三聚氰胺对骨髓细胞没有毒性和不产生致突变作用,但其对精子的致畸率呈剂量效应关系,精子畸形表现在折尾、无钩和胖头,其中以折尾为主,说明三聚氰胺对精子有一定的致畸毒性和潜在的遗传毒性。目前国际癌症研究机构(IARC)评估三聚氰胺对人类致癌性属于三级,即对人类的致癌性尚无法分类。

(8)其他毒性

Cianciolo 等用被三聚氰胺污染的猫食喂养猫之后观察到,70 只猫中有 43 只出现体征,包括无食欲、呕吐、多尿、烦渴和嗜睡等,喂养 7～11d 后 38 只猫出现氮质血症。研究者还发现了三聚氰胺的其他毒性,大鼠连续 4 个月以上吸入三聚氰胺会出现体重增加迟滞、肺内炎性改变等。研究证实在蛋鸡的饲料中单独添加 10～30mg/kg 三聚氰胺,还可以显著降低 1～21d 产蛋率,单独添加等量三聚氰酸,1～21d 蛋鸡饲料利用率有降低趋势($p＝0.070$),当三聚氰酸剂量达到 50mg/kg 时,则能显著降低饲料利用率。而三聚氰胺和三聚氰酸联合中毒的猪临床上还表现出渐进性消瘦、皮肤粗糙等症状。

三、农业土壤中三聚氰胺的来源及潜在危害

三聚氰胺加入牛奶/奶粉中引起的恶性事件,教训极其深刻。已使得全世界对食品安全

更加关注和重视,并重新审视与食品相关的一系列链源头的安全风险防范措施和意识。

王亭亭等研究发现,土壤中三聚氰胺的降解动态符合 Logistic 方程,并且同时证实,实验的两种蔬菜均可以吸收土壤中的三聚氰胺。实际种植农产品的过程中,多种途径都可能导致三聚氰胺进入农用产品,还能被植物吸收,但其在植株体内不易被代谢,极易形成残留,这样就会导致植物性农产品受到三聚氰胺的污染。

种种迹象表明,三聚氰胺作为一种重要的广泛用于化工、建筑、模塑等领域的原料,其废弃物极有可能流向饲料或肥料领域。作为食品的"食品"——肥料,人们已认识到不是所谓的"废物"就能用于化肥的制备,化肥的有毒有害物质或潜在的危害物质风险值得认真的评估剖析,并加以限量控制和监管。对于植物性农产品,要想避免或减少三聚氰胺的残留污染,最重要的就是从肥料等农业投入品限量标准入手,加强肥料和植物性农产品中三聚氰胺的监督检测。

对于肥料中掺入三聚氰胺的风险评估,可以做的研究工作还有很多,比如三聚氰胺在肥料和植物以及农产品中检测方法的研究,三聚氰胺在肥料—土壤—植株农产品中的残留和运移规律研究,通过生物学试验的方式找出三聚氰胺对不同作物产生毒害的值,以及从食品安全角度探究肥料中三聚氰胺的限量标准等。最终目的只有一个,为人们的餐桌提供更丰富、优质和安全的食品。

第二节　持久性有机污染物(POPs)

2004 年 11 月 11 日,《关于持久性有机污染物的斯德哥尔摩公约》在我国正式生效,这标志着中国将全面履行该公约所规定的各项基本义务,全面削减和淘汰持久性有机污染物(Persist Organic Pollutants,POPs)——目前已知对人类生存威胁最大的一类污染物。然而人们对于 POPs 污染及对人身造成的危害却了解甚少。

世界自然基金会(WWF)于 2004 年 10 月 18 日公布的一份验血结果表明,欧盟 13 个国家环境部长的血液中含有包括滴滴涕在内的 55 种有害甚至致癌物质。而在此之前的 2003 年,欧盟环境专员、49 岁的瑞典人玛格特·沃尔斯特龙在自身体内就检出了包括滴滴涕和多氯联苯在内的 28 种有害物质,而且她怀疑自己的两个儿子也通过哺乳而吸收了这些有害物质。这一事例充分说明 POPs 绝非看不见、摸不着,而是就在我们身边,甚至就在我们身上。

一、持久性有机污染物

与常规污染物不同,POPs 在环境中不易降解,存留时间较长,可以通过大气、水的输送而影响到区域和全球环境,并通过食物链富集,最终严重影响人类健康。不仅如此,POPs 对人的肝、肾等脏器、内分泌系统、生殖系统等均有急性和慢性毒性,具有致癌性、生殖毒性、神经毒性和内分泌干扰性等,并且由于这些污染物的持久性,这种危害一般都会持续一段时间。因此,POPs 兼具环境持久性、生物累积性、长距离迁移能力和高毒性,能够对人类和野生动物产生大范围、长时间的危害。鉴于此,2001 年 5 月 23 日联合国环境署通过了《关于持久性有机污染物的斯德哥尔摩公约》。

《斯德哥尔摩公约》旨在减少或消除持久性有机物的排放,保护人类健康和生态环境免受其危害。该公约第一批公布受控化学物质包括 3 类 12 种:滴滴涕(DDT)、氯丹、灭蚁灵、六氯苯、毒杀芬、艾氏剂、狄氏剂、异狄氏剂、七氯、多氯联苯、二噁英、多氯代二苯并呋喃(简称呋喃)。其中前 9 种主要作为杀虫剂广泛用于农业,多氯联苯为工业化学品,最后两种为生产和生活过程中无意生产的副产品。这 12 种污染物具有明显的共性,是由人类合成、能持久存在于环境中、通过生物食物链累积,并对人类健康及环境造成有害影响,由这些物质带来的污染就被称之为 POPs 污染。

值得注意的是,这个名单是开放的,今后还将不断扩大。随着人们对各种有毒有害物质的进一步认识,相信这个名单还会逐步扩大。抗生素类有机物多数具有上述特征,因此也属于 POPs 范畴。

二、有机肥料中的持久性有机污染物

有机肥在农业生产中的作用已被我国几千年的农业文明所见证。现代农业中人工合成的药品等化学物质常用于畜禽养殖,因此有机肥料的组成与成分越来越复杂。1996 年全球抗生素饲料添加剂用量已占全部饲料添加剂用量的 45.8%。我国近年来兽药业发展也很快,1987—1998 年共研制 247 种新兽药,平均每年有 22.5 种新兽药上市(含生物制品)。兽药的广泛应用带来的不仅是畜牧业的增产,同时也带来了兽药的残留。虽然我国也制定了诸多的兽药残留检测方法和用药规则标准,但养殖户为牟取利润,滥用药物造成残留超标的事件仍时有发生。而畜禽粪便中的药物残留及这些药物残留通过食物链对人的影响,目前尚少有人关注。

研究结果已经证实有机肥中存在 POPs,如多环芳烃、有机氯类等。莫测辉等对广东省某些有机肥料中多环芳烃、邻-苯二甲酸酯类污染物进行了初步的研究,发现有机污染物通过施用有机肥等途径进入农业土壤,进而进入食物链,危害人类身体健康。

总之,POPs 所引起的环境污染问题是影响我国环境安全的重要因素。作为化学品生产和使用大国,中国面临的 POPs 污染形势相当严重。开展有机肥料中 POPs 的环境安全、演变趋势和控制原理研究,有利于人们正确对待和施用有机肥料,有利于控制有机肥料质量、改善农产品品质、提高人类生活水平,是我国维护环境安全、应对 WTO 绿色贸易壁垒、促进可持续发展的重大需求。

我们对近年来关注度较高的多环芳烃和邻-苯二甲酸酯类有机污染物及其在土壤—肥料—农作物系统中的迁移做了一定的研究。

(一)多环芳烃(PAHs)

1. 多环芳烃

多环芳烃(Polycyclic aromatic hydrocarbons,简称 PAHs)是指分子中含有两个或两个以上苯环的碳氢化合物,可分为芳香稠环型及芳香非稠环型。芳香稠环型是指分子中相邻的苯环至少有两个共用的碳原子的碳氢化合物,如萘、蒽、菲、芘等;芳香非稠环型是指分子中相邻的苯环之间只有一个碳原子相连化合物,如联苯、三联苯等。结构如图 1-2 所示。

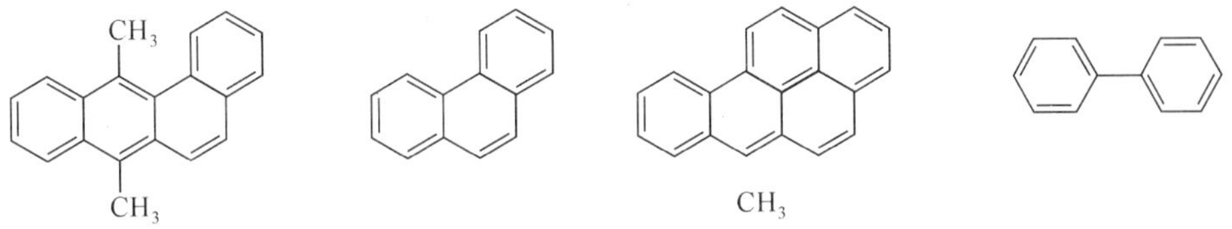

7,12-二甲基苯并[a]蒽　　　菲　　　苯并[a]芘　　　联苯

图 1-2　几种多环芳烃的结构

多环芳烃化合物被证实具有致癌、致畸、致突变的作用,而且由于其物理化学性质稳定,在自然环境中难于降解,是自然环境中持久性有机污染物的主要代表,受到国际上科学界的广泛关注。目前许多国家都将它列入优先污染物的黑名单或灰名单中,其中 16 种被美国环保署确定为优先控制的有机污染物质,我国将其中 7 种列为优先控制的有机污染物质。

多环芳烃大都是无色或淡黄色的结晶,个别颜色较深,具有蒸汽压低、疏水性强、辛醇水分配系数高、易溶于苯类芳香性溶剂等特点。例如,BaP 是多环芳烃中的一种典型化合物,在常温下是黄色的晶型固体,分子量为 252。BaP 的挥发性小、附着性强,在大气中主要吸附在颗粒物上。BaP 易溶于苯、氯仿、二氯甲苯等有机溶剂,不溶于水,但在有机化合物存在下能提高 BaP 的水溶性。多环芳烃的化学性质与其结构密切相关,它们大多具有大的共轭体系,因此其溶液具有一定的荧光性,而且它们是一类惰性很强的碳氢化合物,不易降解,能稳定地存在于环境中。当它们发生反应时,趋向保留它们的共轭环状体系,一般多通过亲电取代反应,而不是加成反应形成衍生物。

2. **多环芳烃的生理毒性**

(1)多环芳烃具有致癌性

多环芳烃具有致癌性,是一类可以促进或加速癌症生成的有毒化学物质。据统计,对人与动物癌的引发,80%～90%是由于环境因素所引起的,特别是与环境中化学致癌物密切相关。虽然多环芳烃只是众多致癌物中的一类,但其数量多、分布广、与人类关系密切,是最主要的有机致癌物。

中国东部沿海某镇小冶炼地区,各环境介质中的 PAHs 浓度均不同程度地高于文献报道值,林道辉等经过调查发现该区死亡人群中病死比例和死于癌症比例平均分别达 32.2%和 25.6%,均高于周围地区的相应值(23.3%和 16.0%)。

PAHs 的致癌性对健康的损伤一直是国内外研究的热点,而肺则是主要的靶器官之一。在世界范围内,肺癌仍然是导致死亡的主要原因之一。现有关于身体暴露于 PAHs 的肺癌风险预测是基于呼吸暴露 PAHs(主要是苯并[a]芘,即 BaP)的浓度。1973 年,美国的卡诺等详细分析了一系列有关肺癌流行病学调查资料,表明 BaP 浓度每 $100m^3$ 增加 $0.1\mu g$ 时,肺癌死亡率上升 5%。段小丽等的研究表明焦炉工人苯并[a]芘暴露的肺癌风险约是 160/10 万,是一般人群的十几倍。同时考虑 14 种 PAHs 共同暴露时的肺癌风险比单独考虑苯并[a]芘暴露时高约 0.5 倍。

多环芳烃的致癌性还可以诱导其他多种癌症。据流行病学研究发现长期接触 PAHs 的工人容易患癌症,特别是皮肤癌、白血病、膀胱癌等。同时 PAHs 也能引发鼻咽癌和胃癌,许多山区居民经常就地拢火取暖,室内烟雾弥漫,终日不散,也造成较高的鼻咽癌发生率。人们食用高温烹制烧烤、油炸的食物,可能会提高某些器官尤其是胃和食道的致癌性。例如,冰岛居民喜欢吃烟熏食品,其胃癌标化死亡率达 125.5 人/10 万人。

(2)多环芳烃的光致毒效应

由于多环芳烃的毒性很大,对中枢神经、血液作用很强,尤其是带烷基侧链的 PAHs、对黏膜的刺激及麻醉性极强,所以过去对多环芳烃的研究主要集中在生物体内的代谢活动性产物对生物体的毒作用及致癌活性上。但是越来越多的研究表明,多环芳烃的真正危险在于它们暴露于太阳光中紫外光辐射时的光致毒效应。多环芳烃很容易吸收太阳光中可见(400~800nm)和紫外(280~400nm)区的光,对紫外辐射引起的光化学反应尤为敏感。科学家将 PAHs 的光致毒效应定义为紫外光的照射对多环芳烃毒性所具有的显著的影响。有实验表明,同时暴露于多环芳烃和紫外光照射下会加速具有损伤细胞组成能力的自由基形成,破坏细胞膜损伤 DNA,从而引起人体细胞遗传信息发生突变。有研究表明,同时暴露于苯并芘和紫外光下,会使 DNA 断线率加倍,这是对细胞最严重的损害之一。在好氧条件下,PAHs 的光致毒作用将使 PAHs 光化学氧化形成内过氧化物,进行一系列反应后,形成醌。Bertilsson 等观察到多环芳烃和紫外光作用下,会产生有毒的光降解产物例如:苯醌,会对微生物有毒害作用。Katz 等观察到由 BaP 产生的 BaP 醌是一种直接致突变物,它将引起人体基因的突变,同时也会引起人类红细胞溶血及大肠杆菌的死亡。目前,PAHs 和紫外光共同作用的急性反应实验通常处在高剂量的 PAHs 和当时的辐射正好是 PAHs 毒性所必需的过敏点,对低强度的紫外光和低浓度的 PAHs 作用下光致毒效应研究较少。因此,这种低水平光致毒损伤是以后研究的一个重要方向。

(3)多环芳烃的其他危害

PAHs 还可以对生物体造成多种危害。Troisi 等研究了由于石油泄漏而产生多环芳烃污染领域中的海鸥,发现它们普遍出现体温下降、脱水、体质衰弱等症状,而在它们的肝细胞中检测到多环芳烃及其代谢物,证实它们确实受到多环芳烃的毒害作用。Burchie 通过研究发现多环芳烃是一类重要的免疫制力的环境污染物,它可改变人类细胞中 T 和 B 淋巴细胞的功能和损害单核细胞。Jedrychowski 等经过研究证实孕妇接触 PAHs 可能导致胎儿的免疫功能的损害和增加新生儿和幼儿患呼吸道疾病的几率。Detmar 等的研究表明长期接触 PAHs 的孕妇可能导致高的流产率。Heudorf 等在一年的时间里经过调查接触苯并芘的儿童发现,15%的儿童在肘部长过湿疹,10%的儿童患过风疹,20%的儿童经常打喷嚏和流鼻涕或鼻塞,15%的儿童流过鼻血,25%的儿童感觉呼吸困难,42%的儿童经常干咳,60%的儿童经常患感冒。多环芳烃被证实还可以诱使动脉硬化。

3. 农业土壤中多环芳烃的来源及潜在危害

目前已知的多环芳烃约有 200 多种,它们能以气态或者颗粒态存在于大气、水、植物、土壤中。大气中 PAHs 以气、固两种形式存在,其中分子量小的 PAHs 主要以气态形式存在,例如:芴、荧蒽、菲、芘等,大分子量 PAHs 则绝大部分以颗粒态形式存在,例如:苯并芘、晕苯等。地表水体中的 PAHs 主要来源于大气沉降、地表径流、土壤淋溶、工业排放和城市废水排放等,它们通过吸附在悬浮性固体上、溶解于水和呈乳化状态这三种方式存在于水体中。PAHs 对土壤的污染也极其严重,它们最初的形态大多数为气态,部分冷却后形成颗粒物或吸附在颗粒物上,随着颗粒物的飘动发散在环境各处,通过沉降和降水冲洗作用而污染土壤,植物在生长过程中会从中吸收、转移并富集 PAHs、植物腐烂后,PAHs 又回到土壤中。同时 PAHs 也可以通过食物链在动物体内累积,严重危害人类健康。

(二)邻-苯二甲酸酯(PAEs)

1. 邻-苯二甲酸酯的基本性质

邻-苯二甲酸酯类又称酞酸酯类,是大约 30 种化合物的总称,一般为无色油状黏稠液体,难溶于水,易溶于有机溶剂,常温下不易挥发,成本较低,品种多,产量大。增塑剂是工业上被广泛使用的高分子材料助剂,在塑料加工中添加这种物质,可以使其柔韧性增强,容易加工,可合法用于工业用途。塑化剂从化学结构分类有脂肪族二元酸酯类、苯二甲酸酯类(包括邻-苯二甲酸酯类、对-苯二甲酸酯类)、苯多酸酯类、苯甲酸酯类、多元醇酯类、氯化烃类、环氧类、柠檬酸酯类、聚酯类等多种,但使用得最普遍的即是邻-苯二甲酸酯类(或邻-苯二甲酸盐类亦称酞酸酯)的化合物。

产品中广泛使用邻-苯二甲酸酯类增塑剂的同时,这类物质的毒性也愈来愈引起世界各国的关注。科学研究发现,邻-苯二甲酸酯是一类环境雌激素物质,具有生殖和发育毒性,一些邻-苯二甲酸酯类物质甚至具有致癌性。尽管目前科学界对于邻-苯二甲酸酯类增塑剂的危害性尚未达成完全统一的结论,但许多国家已经纷纷预先制定了相关产品中邻-苯二甲酸酯类物质的限制和检测方法法规或标准,以尽可能地减低物质暴露风险,避免引发健康危害。

1997 年世界野生动物基金会列出了 68 种环境激素类污染物,其中包括邻-苯二甲酸环己二酯(DCHP)、邻-苯二甲酸二己酯(DNHP)、邻-苯二甲酸二戊酯(DPEP)、邻-苯二甲酸二庚酯(DHP)、邻-苯二甲酸丁芳酯(BBP)、邻-苯二甲酸二乙酯(DEP)、邻-苯二甲酸二(2-乙基)乙基酯(DEHP)和邻-苯二甲酸二丁酯(DBP)等 8 种邻-苯二甲酸酯类化合物。美国环保局(Environmental Protection Agency,EPA)将邻-苯二甲酸二甲酯(DMP)、邻-苯二甲酸二乙酯(DEP)、邻-苯二甲酸二丁酯(DBP)、邻-苯二甲酸二辛酯(DOP)、邻-苯二甲酸丁苄酯(BBP)和邻-苯二甲酸(2-乙基己基)酯(DEHP)等 6 种邻-苯二甲酸酯类化合物列入 129 种重点控制的污染物名单中,并发布了相关的法律法规。中国将 DMP、DBP 和 DOP 三种化合物列为环境优先污染物,GB 3838—2002《地表水环境质量标准》则将 DBP 和 DEHP 作为检测项目,并规定 DBP 含量不得超过 $3\mu g/L$,DEHP 含量不得超过 $8\mu g/L$。

2. 邻-苯二甲酸酯的生理危害

玩具产品中广泛存在的邻-苯二甲酸酯类增塑剂曾一度引起所谓的"毒玩具"产品安全事件,2010 年欧盟非食品产品快速预警系统(RAPEX)共通报召回"中国制造"玩具及儿童产品 515 例,占所有对华产品通报的 25.4%,而邻-苯二甲酸酯恰恰是我国出口玩具遭遇欧盟技术性贸易壁垒的最主要化学危害。因违法添加邻-苯二甲酸酯导致的食品安全问题引发国内外对产品中邻-苯二甲酸酯类物质安全问题的高度关注。邻-苯二甲酸酯类增塑剂引发的产品安全问题已经非常严重,必须引起高度重视。

邻-苯二甲酸酯类增塑剂广泛应用于玩具及儿童用品、食品接触材料、化妆品和纺织品等各类产品中,人类摄入该类物质的途径多,暴露量大,存在较高健康风险。

邻-苯二甲酸酯对人类健康的危害主要体现在以下两个方面:

(1)生物致癌、致畸性

邻-苯二甲酸酯是一类环境雌激素物质。1982 年,权威机构美国国家癌症研究所对邻-苯二甲酸二辛酯(DOP),DEHP 的致癌性进行了生物鉴定,认为 DOP 和 DEHP 可引发啮齿类动物的肝脏癌症。国际癌症研究所(IARC)已经将 DEHP 列为潜在促癌剂,美国环保署也将 DEHP 列为致癌物(第 2B 类)。

(2)生殖和发育毒性

2011 年 2 月,欧盟将 DEHP,BBP 和 DBP 3 种邻-苯二甲酸酯类增塑剂作为首批通过的 REACH 需授权物质正式纳入 REACH 法规授权名单,其判定依据是上述物质具有生殖毒性(第 1B 类)。

科学研究表明,邻-苯二甲酸酯类增塑剂是一类具有生殖毒性和发育毒性的环境雌激素,可通过消化系统、呼吸系统和皮肤接触等途径进人体内。许多权威科研机构和国际研究小组已认定,一些邻-苯二甲酸酯类增塑剂可干扰人体内分泌系统,导致男性生殖能力减弱、引发女性性早熟,并且可能通过胎盘脂质及锌代谢影响胚胎发育,导致胚胎生长缓慢。

邻-苯二甲酸酯类物质是塑料制品和橡胶制品生产过程中的重要增塑剂,可有效改进产品可塑性、柔韧性或膨胀性,但由于邻-苯二甲酸酯类物质没有与高分子物质聚合,且其分子质量较小,因此迁移特性比较显著。同济大学基础医学院有关科研小组的一项科学研究评估了食品接触材料来源的邻-苯二甲酸酯类物质暴露情况,结果发现在抽检的 98 个样品中,共有 37 个样品被检出含有 DEHP,BBP,DBP 等物质,分别存在于尼龙餐具、PVC 密封圈和硅胶模制品中,最高含量达到 8.8mg/kg,其中 DEHP 和 DBP 的平均含量为 1.06mg/kg。由此可见,仅食品来源的邻-苯甲酸酯类物质已经使人类处于高暴露风险水平,如果再考虑大气环境、水体污染、化妆品及个人护理产品、玩具,以及服装纺织品等其他摄入途径,人体的邻-苯二甲酸酯暴露量会更大,健康风险更高。

3. 农业土壤中邻-苯二甲酸酯的来源及潜在危害

广东省生态环境与土壤研究所对广东省典型区域农业土壤进行调查,结果显示美国环保局优先控制的 6 种 PAEs 化合物(DMP,DnBP,DEP,DEHP,BBP,DNOP)均在广东省典型区域农业土壤中检出,平均含量大小依次为:DnBP>DEHP>DEP>BBP>DNOP>DMP。我们近年来也对珠江三角洲地区(广州、花都、增城、珠海、东莞、中山)典型蔬菜基地毒性有机污染物的含量和分布特征进行调查,结果表明土壤中有机污染物含量均以 PAEs 总含量为 3.00~45.67mg/kg,单个化合物以 DEHP 的含量最高,DnBP 的含量次之。哈尔滨和邯郸农业土壤中 DBP 和 DEHP 的含量也达到几毫克至几十毫克。污灌土壤中 PAES 含量相对较高,如北京市工业污灌区土壤中 DNBP 的含量高达 59.8mg/kg,DEHP 的含量高达 16.8mg/kg,是对照土壤的几倍,甚至几十倍。

但到目前为比,针对我国农业土壤中 PAEs 的污染现状的研究仅局限于一些零星的调查,缺乏系统的数据,同时我国尚未制订土壤 PAEs 的控制标准。按照美国土壤 PAEs 控制标准,我国已有的调查数据显示,我国农业土壤中 PAEs 化合物已有不同程度的超标,部分土壤的个别 PAEs 化合物超标严重。因此,土壤 PAEs 污染已成为我国农业土壤退化的主要表现形式之一。

农业土壤中 PAEs 主要有以下来源:

(1)大棚和地膜

近年来我国设施蔬菜发展迅速,设施面积跃居世界第一,设施蔬菜产量也日益提高。设施蔬菜在带来巨大经济效益的同时,也带来了严峻的环境污染问题。由于设施蔬菜栽培所用的大棚和地膜中的 PAEs,在塑料中呈游离状态,彼此之间仅通过氢键或范德华力连接,保留了各自相对独立的化学性质,因此随着使用时间的推移,不断释放并最终进入土壤。

（2）污灌和城市污泥

把污水作为灌溉水源来利用是一项古老的技术,始于 1956 年,发展迅猛,在一定程度上缓解了我国的水资源短缺,起到了可观的水肥效应对保障粮食生产起到了重要作用。但是,目前我国污灌水质缺乏有效监管,大量未经处理的污水直接应用于农田灌溉,是造成土壤中 PAEs 含量过高的重要原因。

城市污泥由于其含有丰富的氮、磷、钾和有机质等养分,而被广泛用于农业生产。我国城市污泥农用刚刚起步,许多处理不到位,导致城市污泥中含有未完全处理的 PAEs 污染物。

（3）化肥的施用

化肥是农业生产中不可缺少的生产资料,莫测辉等研究了 21 种常用肥料,结果表明,邻-苯二甲酸酯类化合物总量是同类肥料中有机污染物检出率最高的,因此当施用含有 PAEs 化合物的肥料时,肥料中的 PAEs 化合物大部分将直接进入土壤,导致土壤中 PAEs 的累积。

土壤中存在的 PAEs 不仅影响土壤质量、作物的生长和生理生化性质,而且还在作物中具有一定的生物累积效应,从而对人体健康构成威胁。

（1）农业土壤中 PAEs 对土壤质量的影响

农业土壤中 PAEs 对土壤质量的影响研究主要针对其对土壤酶活性及微生物多样性的影响。土壤中 DEHP 施加量达 100mg/kg 时显著抑制了土壤脱氢酶活性,30d 时与对照相比降低了约 30%,第 60d 时尽管有缓慢的回升,但仍明显低于对照;土壤微生物的功能多样性、土壤微生物群落的 Shannon 指数、Simpson 指数、McIntosh 指数和均度均显著低于无污染的对照,说明 DEHP 的污染导致了土壤微生物群落功能多样性的下降. DBP 和 DEHP 土壤浓度达 50mg/kg 时,均对微生物生物量碳、土壤基础呼吸以及过氧化氢酶活性表现抑制效应,抑制作用随处理浓度的增加而加强,其中 2 种化合物土壤浓度为 100mg/kg 时,在培养期内三者均没有表现出明显的恢复趋势。

（2）农业土壤中 PAEs 对作物生长和品质的影响

用 10mg/L 的 DnBP 和 DEHP 溶液处理不同蔬菜,对蔬菜幼苗生长有一定影响。一方面,PAEs 能够抑制愈伤组织分化,影响细胞分裂,使植物生长缓慢;另一方面 PAEs 能使植物叶绿体中类囊体基粒和片层解体,叶绿体膜膨胀破裂,从而使光合作用受到障碍,最终导致生物量减少。在低浓度下（<0.5mg/L）,PAEs 化合物也使龙须菜的相对生长速率下降 18.4%～21.3%。分别用 10mg/L 的 DnBP 和 DEHP 处理辣椒、菠菜、花椰菜、青花菜,DnBP 处理的减产幅度为 12.8%～60%,DEHP 处理的减产幅度为 13.5%～32%。

土壤 PAEs 污染还对作物品质具有影响。当土壤中 DnBP/DEHP 的施加量分别为 20mg/kg 和 200mg/kg 时,番茄果实和通菜茎叶中维生素 C 含量分别降低 8.53%,4.77% 和 23.86%,24.62%;番茄果实中可溶性糖含量分别增加 32.11% 和 42.95%,可滴定酸度分别降低 0.58% 和 20.66%,糖酸比分别提高 33.07% 和 82.02%;胡萝卜块根中总类胡萝卜素含量分别增加 6.19% 和 6.97%。土壤中 PAEs 还会降低辣椒果实中维生素 C 和辣椒素含量,且下降的幅度与果实中 PAEs 的含量呈正相关,当土壤 PAEs 的浓度达到 40mg/kg 时,维生素 C 和辣椒素含量下降 20% 左右。

(3)作物对土壤中 PAEs 的生物累积效应

在农业生态系统中,PAEs 不仅影响植物的生长及其生理生化特征,而且还在植物中具有一定的生物累积效应。土壤中的 PAEs 会被蔬菜根系吸收并向地上部运移。而且,因为 DnBP 和 DEHP 较难被蔬菜植物体降解或代谢,会在植物体内累积。Yin 等田间小区试验结果表明,辣椒果实、植株及根系中 DnBP 浓度都随土壤中施加的 DnBP/DEHP 浓度增加而增加。萝卜、菜心和通菜体内 DnBP,DEHP 的含量也与土壤污染浓度成正相关关系。但不同种类蔬菜、甚至同类蔬菜不同品种对 PAEs 的吸收能力和累积程度不同,而且在植物叶片、茎、果实、根系等器官中的含量分布因植物种类而异。在已研究过的植物中,冬瓜累积 DEHP 的能力最强,黄瓜有较强的累积能力,通菜、大白菜有一定的累积能力(可达标 3 mg/kg,干重),而萝卜、菠菜等累积 DEHP 的能力较弱。

综上所述,PAEs 在我国农业土壤中普遍被检出,且部分地区土壤已超过美国土壤 PAEs 控制标准。土壤中 PAEs 不仅对土壤质量、作物的生长和品质具有一定的影响,而且还在作物中具有一定的生物累积效应,从而对人体健康构成威胁。因此农业土壤中 PAEs 的污染应引起人们的足够重视。

目前,我国尚未制定有关食品尤其是农产品中 PAEs 的限量标准,对 PAEs 等毒性有机污染物的污染水平和等级很难划分。根据欧盟环境健康危害评价办公室建议,DEHP 的人体每天允许摄入量 0.05mg/kg。若人每天食用上述工业区新鲜蔬菜 0.5kg,则每天摄入量远超过上述限制值,说明工业区附近农田蔬菜受到 DEHP 的严重污染。另外,上述工业区超市和农贸市场的瓜类(如冬瓜、南瓜)的浓度水平也远超过上述限制值。不过普通蔬菜生产基地的蔬菜中 DEHP 浓度水平一般不会超过上述限定值。

第三节　抗生素

一、抗生素与环境污染

人们在很久以前就发现某些微生物对另外一些微生物的生长繁殖有抑制作用,这种现象被称为抗生。1928 年英国细菌学家 Alexander Fleming 在检查培养皿时发现了青霉菌产生青霉素。1935 年,英国病理学家 Florey 和德国生物化学家 Chain 解决了青霉素的浓缩问题,并把青霉素实际应用于临床医药。因为最初发现的抗生素,例如青霉菌产生的青霉素、灰色链丝菌产生的链霉素,主要对细菌有抑制或杀灭作用,故将其称为抗菌素。随着抗生素研究的不断深入发展,抗病毒、抗衣原体、抗支原体、抗肿瘤的抗生素也陆续被发现并应用于临床医学。鉴于"抗菌素"早已越出了抗菌范围。因此,1981 年我国第四次全国抗生素学术会议将抗菌素改称为抗生素,其定义为由某些微生物产生的,或者人工化学合成的,能抑制微生物和其他细菌增殖的化学物质叫作抗生素。

抗生素可以天然提取也可以人工合成,天然品是某些微生物生长繁殖过程中所产生的一种物质,人工合成品是人们对天然抗生素进行结构改造得到的部分人工合成产品或完全由人工合成的产品。

以往,抗生素被认为是对环境和人体无害的药物,主要用于人类医疗事业和畜牧养殖业的疾病治疗。我国集约化畜牧业发展迅速,致使每年兽用、医用抗生素总量巨大。数据显示,中国每年用于畜牧养殖的抗生素平均使用量高达 6000t。Halling-Sorensen 等研究发现,随粪、尿等排泄物被排出体外的抗生素量为机体摄入量的 $60\%\sim90\%$。张慧敏等对浙北地区畜禽粪便和农田土壤中四环素类抗生素残留测定表明,施用畜禽粪肥农田表层土壤土霉素、四环素和金霉素的平均含量分别为未施畜禽粪肥农田的 38 倍、13 倍和 12 倍,因此,畜禽粪肥是农田土壤抗生素的重要来源。环境中残留的抗生素属于持久性有机污染物(POPs),在环境中不易被降解,存留时间较长,这必然导致大量抗生素残留于环境中,对环境造成影响。目前,我国大多是将人畜粪便作为有机肥源利用,土壤是其中残留抗生素的主要归属场所。进入土壤中的抗生素,一部分随水渗入至地下水,对水体造成污染或随地表径流污染其他土体;另外一部分会被吸附在土壤中,影响土壤微生物群落功能;还有一部分,例如磺胺类药物和四环素类抗生素易被农作物吸收累积。抗生素进入食物链后,在累积过程中会导致耐药性致病菌出现,其产生的耐药基因会在健康人群、患者、动物之间相互传播。例如,引起国际恐慌的"超级细菌"对目前大多数抗生素具有广泛耐药性,一旦患者感染这种细菌,会给临床治疗带来很大困难。

目前我国的主要有机肥源为畜禽粪便,而其中的抗生素类药物残留是有机肥料中一类重要的、被严重忽视的 POPs 与环境激素。抗生素类药物常用于预防和治疗畜禽疾病。由于给药量大,不能被完全吸收利用而残留于动物粪便中。这种情况在规模化畜禽养殖场中普遍存在。规模化养殖场的废弃物可能被直接施用于农田,或者制成有机肥料施入农田,抗生素因此进入农业环境。城市污泥也是有机肥的主要原料之一。过期药物的丢弃、医院废水及医药化工废水等也会造成城市污泥中含有多种抗生素类污染物。可以肯定,我国特别是经济较发达地区的有机肥料中必然存在多种抗生素类污染物。目前,有关抗生素类药物污染已经引起了学术界、媒体、公众的广泛关注,但是相关研究集中在地表水或地下水体系、鱼类养殖过程中抗生素类药物污染上,而蔬菜、粮食等农产品以及农业土壤中的抗生素污染极少涉及。然而,农产品中的相关污染问题并没有得到充分认识。蔬菜等农产品是我国主要出口商品之一,蔬菜作物上大量使用有机肥。中国每年约有几百亿美元(占出口产品的20%)遭"绿色壁垒"的限制。研究有机肥使用对蔬菜等农产品抗生素含量的影响,有利于我们生产出合格的出口产品,也可以为有机肥料的生产提供制定标准的依据。

目前,抗生素类药物在动物性农产品中的残留已受到人们的广泛关注。如瑞典在 1986 年就全面禁止向饲料中添加抗生素,1996 年欧盟也将饲料中允许加入的抗生素减少到 9 种,1999 年进一步减少到 4 种,而 2006 年起将全面停止施用抗生素类饲料添加剂。随着中国加入 WTO 以及中国外贸在世界贸易中地位的提高、"绿色壁垒"日趋全球化的快速发展,近年来"绿色壁垒"对中国外贸出口的影响程度已经开始超过"反倾销"案件的影响。

饲料中常用的抗生素类药物包括林可霉素、四环素类、氯霉素、磺胺类、喹诺酮等,这些药物性质非常稳定,不易被动物消化吸收,大部分被排泄到体外。动物排泄物主要以肥料的形式施入土壤,从而造成环境污染。有机肥料、土壤和水中的抗生素一旦被植物吸收,将对植物的生长产生影响,导致抗生素在植物体内的残留。如果人类长期食用这些含有抗生素的植物,那么必然对人类健康产生严重的影响。有机肥料中的有机污染问题是不得不解决的重要问题。但是,目前对粪便、废水、污泥以及土壤中抗生素迁移及降解情况知之甚少。另外,抗生素进入环境后对环境产生的影响也少有研究。因此,应尽快掌握抗生素在粪便、废水、污泥以及土壤中的降解和迁移情况,抗生素对植物生长的影响和抗生素在植物体内的转化、残留情况。

二、抗生素的分类

目前常见的抗生素类型主要包括:

(1)四环素类:是由链霉菌发酵产生的一类广谱抗生素,其作用机制是阻止氨酰基与核糖核蛋白体的结合,从而阻止肽链的增长和蛋白质的合成,高浓度时有杀菌作用。在促进禽畜生长、提高饲料利用率、防治疾病等方面发挥着重要作用。属于人畜共用抗生素,容易产生耐药性。同时,由于其具有良好的水溶性、体内代谢后大部分以原型排出体外而且在环境中不易发生生物降解等特点,成为易在环境中储存和蓄积的一类抗生素。常用四环素类抗生素有四环素、氧四环素、氯四环素、多西环素、米诺环素等。

(2)磺胺类:是合成的广谱抗菌药,其通过竞争性抑制叶酸代谢循环中的对氨基苯甲酸,干扰细菌核酸和蛋白质的合成而抑制细菌增殖。代表物有磺胺嘧啶、磺胺甲氧嘧啶、磺胺二甲基嘧啶、磺胺异恶唑、磺胺甲恶唑等。

(3)喹诺酮类:又称吡酮酸类或吡啶酮酸类,是一类合成的广谱抗生素,其作用机制是以细菌的脱氧核糖核酸为靶,阻碍DNA回旋酶,造成细菌DNA的不可逆性损害,来达到抗菌效果。细菌对本类药物发生耐药突变的几率很低,无交叉耐药性。与头孢菌素类药物的抗菌作用相似,且价格便宜,不良反应少。喹诺酮类抗生素按发明顺序及抗菌性能的不同分为一、二、三、四代,常用的种类有诺氟沙星、环丙沙星、氧氟沙星、依诺沙星、洛美沙星、加替沙星、莫西沙星等。

(4)其他常用抗生素:

B-内酰胺类:药物种类多,主要包括两类:①青霉素类,是最早的B-内酰胺类,其杀菌力强、毒性低、价格低廉且使用方便。常用的品种有青霉素钠、阿莫西林等。②头孢菌素类,杀菌力强、毒性低,过敏反应较青霉素类少,广泛用于各类感染性疾病。根据其抗菌作用特点及临床应用的不同,可分为四代头孢菌素。常用种类有头孢拉定、头孢三秦、头孢曲松钠等。

大环内酯类:其作用机制是抑制细菌蛋白质的合成,主要从肠道吸收,能够产生交叉耐药性,代表药物有红霉素、乙酰螺旋霉素、阿奇霉素等。

氨基糖苷类:其作用机制是阻碍细菌蛋白质的合成。这类药物在肠内不易被吸收。代表药物有链霉素、庆大霉素、阿米卡星等。还有抗细菌的去甲万古霉素、利福平;抗真菌的制霉菌素、克念菌素;抗肿瘤的阿霉素、丝裂霉素;免疫抑制作用的环孢素等。

三、环境中的抗生素污染及其危害

进入环境中的抗生素来源较多,导致残留在环境介质中抗生素的种类也多种多样。超过16类抗生素类药物在水体及沉积物等环境介质中有高含量的检出。王敏、俞慎等在鱼塘、螃蟹池、蛙池、虾池、鸭池海产养殖区5种不同养殖生物水体中检测出5类14种抗生素的残留,其中鱼和鸭养殖水中检出的抗生素多达6种。德国在巴登—符腾堡州的108个地卜井水样品中共检出60种药物,其中8种药物可在至少3个样品中同时被检测到。邱义萍等在土壤中检测到4种喹诺酮类抗生素。马丽丽等用SPE-HPLC-MS-MS法同时检测土壤中18种抗生素。

环境中的药物具有综合持久性,其持久性可以用半衰期来表示。在环境中,不同类药物的持久性差别很大。总的来说,无论是水环境、土壤、沉积物环境,一般情况下,抗生素类药物在环境中的持久性要远远大于在生物体内。国内外有研究表明各类药物在环境中的持久性由数天到几个月不等,甚至有的是几年时间。即便是在同组分的环境介质中的同种类的化合物,其持久性依然具有较大的差异。徐维海等在香港理工大学水动力学实验室利用大型流动水槽(FLUME系统)模拟了亚热带河流环境,实验结果显示,在60天内系统中典型抗生素的消除比例在59%～84%,残留的药物主要存在于沉积物中。因此,对土壤中残留的抗生素进行研究是十分必要的。

90年代后期,人们逐渐关注并开始研究抗生素在环境中残留的现况以及可能导致的负面效应。抗生素与许多有害的外源性物质如持久性有机污染物相类似,对环境主要产生慢性、远期及持久性的危害。部分研究表明尽管抗生素药物残留在环境中的浓度为痕量,但是远远达不到其起显著作用的浓度。可是对于持久性有机污染物的相关研究提示我们:仅仅依靠简单的外推在高浓度下,某些化合物的急性毒理特征,并不能够说明其在低浓度下产生相应的生物效应。抗生素类化合物在低剂量、长周期的暴露下也能够在个体或者生态各层面中起到负面效应。同理,当人类食用残留抗生素的食物时,造成人体长期暴露在此类抗生素环境下,通常不会导致急性中毒,主要是引起慢性中毒危害。由于多种类药物共同作用存在,就有可能产生协同作用致使其毒性加剧,这样导致的后果严重度将无法估计。

1.对人体健康状况的影响

现有大多数的自来水厂和污水处理厂缺乏专门针对环境抗生素的有效处理工艺。即使依照现有的处理工艺,也不能够完全去除水体中的抗生素,加之目前现有的消毒技术对水体中抗生素的处理并不完善,所以抗生素及其衍生物能够通过饮用水直接对人体的健康造成巨大的威胁。与此同时,由于在畜禽养殖业及水产养殖业中人类滥用抗生素现象严重,造成在蛋、肉、奶以及水产品等食物中出现不同浓度的抗生素残留。这使得对人体健康安全的潜在危害尤为严重,并且影响深远。这些危害主要表现在:

(1)毒性损害:由于食品中残留的抗生素对人群引起的急性中毒事件相对较少,但是抗生素药物残留可通过食物链进行长期富集。当人体长期摄入具有抗生素药物残留的食品后,可以造成该抗生素药物在人体内的逐渐蓄积,并最终引发毒性损害伤及人体健康,特别是多种类抗生素之间的协同作用对人体健康,尤其是孕妇和胎儿发育的危害尤其严重。四环素类可以抑制幼儿牙发育和骨骼生长;磺胺类影响胎儿器官发育而致畸形和造成胎儿溶血性贫血;链霉素等氨基糖苷类抗生素能够损伤听神经和肾功能;氯霉素可以引发再生性、障碍性以及溶血性贫血;链霉素、青霉素类抗生素药物易使患者产生过敏以及变态反应;呋喃唑酮类抗生素可引起多发性神经炎、急性重型肝炎和溶血性贫血;喹乙醇类抗生素属于基因诱变剂等。

(2)变态反应:在畜禽养殖业中经常使用的磺胺类、四环素类、喹诺酮类以及某些氨基糖苷类抗生素是极其容易引起变态反应的药物品种。当这些残留在饲养的动物性产品中的药物进入人体后,会导致敏感的个体致敏并且产生效应抗体。当这些被致敏的个体再一次接触这些抗生素时,则会造成剧烈的变态反应或者过敏反应。临床症状较轻者会表现出恶心、呕吐、搔痒的荨麻疹、腹痛腹泻等,重症患者则表现为血压的极速下降、速发型过敏性休克以及死亡。

2.对水环境中水生生物的影响

抗生素绝大多数都是水溶性的,因此,抗生素对水环境的污染首当其冲。其中,抗生素对于水环境中的水生生物急性毒害作用相关研究比较全面,而相关的慢性毒害研究相对不足。这种不足使得对于其实验结果能否正确表明水体中抗生素的残留浓度对水生生物毒性效应的结论产生了怀疑。对于抗生素的生态危害性,Sanderson等对226种抗生素进行了研究,研究表明:超过1/5的抗生素对藻类具有强烈毒害作用。44%的抗生素为非常毒,16%的抗生素为极毒;超过33.4%的抗生素类药物对鱼类非常毒,而过半的抗生素对鱼类有毒。2006年,在Batt等对美国污水处理厂受纳水体中抗生素的相关污染研究中,氯洁霉素、四环素以及甲氧苄胺嘧啶等抗生素均被检测到存在于水体环境中,污染平均水平为0.090～6.0$\mu g/L$。抗生素同时也能够通过食物链传递。虽然抗生素的半衰期时间不长,但由于其长期低浓度高频率的使用会使环境中形成"假持续"的现象,极有可能影响水体中的微生物群落,进一步通过食物链的不断传递,对人体的健康乃至整个生态系统构成巨大危害并破坏生态系统的平衡。

3.对土壤中动物的毒性

目前关于土壤动物对抗生素的效应研究相对较少。Baguer等的研究中调查了两种广泛使用的抗生素—土霉素和泰乐菌素对土壤中的跳虫、蚯蚓和线蚓的影响,发现在一般环境质量浓度的条件下这两种抗生素对土壤中的跳虫等无显著的毒害效应,甚至在最高实验浓度达到5000mg/kg时也没有观察到相关毒害效应。而国内研究中,高玉红等检测了剂量不等的兽用抗生素类药物阿苯达唑对蚯蚓肠道以及表皮超显微结构的影响。其结果显示,对蚯蚓使用不同剂量的阿苯达唑,在蚯蚓的皮肤角质层以及表皮细胞的超微结构上会产生明显的变化。当对蚯蚓使用生长不受影响的100mg/kg剂量时,在其皮肤的超微结构上会出现代偿性变化,角质层会增厚及网状粘液细胞分泌功能增加;当蚯蚓暴露在600mg/kg时,蚯蚓的角质层会变薄,表皮细胞分泌物也明显的减少。因此从高红玉等人的实验发现,蚯蚓暴露于阿苯达唑时,肠黏膜上皮细胞的超微结构容易受到损伤,而且蚯蚓所暴露的药物剂量的增加会引起损伤程度的加剧。

四、农业土壤中抗生素的来源及潜在危害

随着我国畜禽养殖业集约化程度越来越高、规模越来越大,含有各种抗生素的畜禽粪便的年产出量在不断增加。土壤环境中,Warman和Thomas发现粪便施肥可导致土壤抗生素等药物污染。此外,抗生素在水产养殖中的广泛应用、制药过程中排放的工业废水废渣、未使用过的药品或过期药品的随意丢弃、生产和运输抗生素过程中的意外泄漏等都会导致抗生素流入环境中。因此,环境中抗生素的来源丰富,主要污染源是医用药物和农用兽药的使用。

将残留抗生素的动物粪便及尿液作为肥料施加于土壤,能够影响植物的生长发育。与已研究的大多数污染物相似,低浓度的抗生素有促进植物生长的作用,高浓度的抗生素则能够抑制植物的生长。而且种类不同的抗生素在不同的土壤或生长基质上,对不同植物产生的影响差异也是非常大的。Batchelder研究了氯四环素和土霉素对生长在有营养液的土壤中的植物的影响。当质量浓度在160mg/L时所有的植物都死亡;在更低质量浓度条件下,根和新枝的干质量降低了大约60%～90%。鲍艳宇等研究表明,在水溶液中,同一浓度条件

下,氧四环素对小麦根伸长抑制率均高于四环素;而在土壤中,同一浓度条件下,四环素对根伸长抑制率则均高于氧四环素。Boonsaner 等研究表明,盐渍土中四环素和诺氟沙星能够抑制大豆的生长,受其污染的大豆最快生长速度达到 2.0~2.2cm/d,而未受其污染的大豆最快生长速度(2.5~2.8cm/d)。以上结果表明,抗生素对植物生长发育的影响取决于植物的种类、基质的性质和抗生素的类型等因素。

1. 对土壤中微生物的毒性

由于抗生素多为抗微生物类药物,可以直接杀死土壤环境中的某些微生物或抑制其生长,并影响环境中微生物的群落组成,进而降低土壤微生物对其他污染物的固定或降解能力。研究表明抗生素对微生物产生的各种毒性效应能影响微生物的活性。其中,土壤中残留的恩诺沙星药物对三种微生物影响的强弱顺序依次为:真菌<放线菌<细菌,并且其影响的程度会随浓度的增加而增加,但是对真菌效果并不明显。较低浓度的恩诺沙星药物的残留并不会对土壤微生物群落功能多样性产生影响,然而相对较高浓度的恩诺沙星药物的残留则能够降低土壤微生物群落功能多样性。抗生素还能影响土壤中微生物的呼吸等活动。同一种类抗生素对土壤呼吸的影响因浓度的不同而不同,甲氧苄啶与磺胺甲恶唑对土壤呼吸的影响显示出较强的剂量依赖效应。兽药安普霉素对于不同成分土壤中微生物的呼吸活动以及种群生长的影响均有所差异。恩诺沙星的残留则通过影响土壤中微生物的功能进而影响到土壤的特性和土壤纤维分解作用、呼吸作用、氨化及硝化作用等生态过程。鉴于各种类抗生素对土壤微生物群落结构产生的可能性影响,提示应谨慎使用各种兽药抗生素,同时应对抗生素的环境风险进行更详细的研究。

2. 抗生素抗性基因(ARGs)

抗生素的残留可致使环境中的微生物产生抗药性。抗生素进入环境后,会诱发并传播大量的抗药菌,河流、鱼塘等水体以及土壤、食物等环境是产生耐药菌的重要场所。水产养殖中所用的抗生素能够以药物本体的方式直接溶入水环境,导致鱼塘成为抗药基因不断扩展、演化以及繁殖的重要媒介。同时,畜禽粪便、城市生活垃圾和工业废水不停施用于农田,土壤也逐渐成为一个抗药菌产生、传播的重要媒介。更有研究显示多种类抗生素在动物或水产养殖中的交替使用引发了多重耐药菌的产生。人们在鱼塘的沉积物中高频检测出可耐受多种抗生素的耐药菌,更重要的是这种农业耐药菌会直接传给人类。从而致使环境中及人体内抗药菌的大量繁殖,降低现有药物的治疗效果。而环境中耐药性致病菌的不断增加与扩散,会对人类的生命健康构成潜在风险。

应当引起注意的是抗性基因不仅可以在代与代之间传递,而且在不同种属细菌间也可以传递。因而,一些耐药性细菌自身虽然不具有致病性,但是它却能够把耐药性最终传递给致病菌。环境中低剂量抗菌药的长期排放导致敏感菌耐药性的不断增强。最终使得耐药基因不但可以贮存在水环境中,而且可以通过水环境扩展演化为多种抗生素共同存在。至此,为诱导产生具有耐药性特别是交叉耐药菌株提供有利的条件。新的抗药性致病菌不断被发现,已报道的食源性 DT 104 病原菌对多种抗生素具有抗性。近年来,环境中抗生素耐药菌的种类发生了很大变化,抗性水平也越来越高,变得越来越难以控制,且发展速度惊人。表现在每当新型抗生素投入临床使用不久,细菌即可对它产生耐药性,而且往往存在交叉耐药和多重耐药现象。日益增多的试验表明,环境致病菌耐药性的不断增加与扩散,对人类的公共健康将构成潜在威胁。

目前,虽然明确了粪肥农用会造成土壤及农作物中抗生素的残留,且残留的抗生素对土壤微生物群落结构、酶活性、农作物的产量、品质都有一定的抑制作用,但对粪肥—土壤—植物体系中抗生素迁移降解机理的研究还不够系统。例如:四环素类抗生素在土壤中易与某些有机污染物质和一些重金属发生反应,其降解产物的毒性可能比其本身的毒性更大,因此抗生素在土壤中的降解产物,与其他污染物的复合污染及细菌的耐药性问题应进一步深入研究。此外,由粪肥带入的抗生素含量与土壤中抗生素残留量之间的关系,作物对不同抗生素的吸收情况,粪肥的安全用量以及对人类造成的健康问题也有待进一步研究。

鉴于我国抗生素污染的严峻事实,应从源头上减少抗生素进入环境,禁止抗生素的滥用,发展可持续农业,保障食品安全。

第四节　重金属离子

一、什么是重金属和重金属污染

所谓重金属,一般是指密度在 $4.5g/cm^3$ 以上的金属,即周期表中 Sc 以后的金属元素;而对环境污染而言,则主要是指生物毒性大的砷(As)、镉(Cd)、铬(Cr)、汞(Hg)、铅(Pb)。另外,当 Cu、Zn 在土壤中的含量超过农作物安全阈值时,通常也被列入重金属污染元素。

耕地土壤的重金属污染是指土壤中的重金属元素含量已超过土壤自净能力所允许的最大值,以至于阻滞农作物生长发育,并在农作物可食部分积累而达到危害人体健康的程度。重金属元素进入耕地土壤后不易被肉眼识别。也就是说,土壤重金属污染具有隐蔽性,只有通过对土壤样品和农作物的分析测定以及对摄食的人畜健康检查,方可发现耕地土壤是否遭受污染,而且土壤中的重金属是不会被微生物降解的,它不易迁移,容易积累;当积累到一定浓度,将导致土壤退化,农作物产量降低,农产品品质劣变,并通过食物链危害人体健康,其后果是严重的,应尽快组织人力、物力和财力进行修复。

二、土壤重金属污染的特点

(1)隐蔽性和潜伏性

大气和水体污染常常用肉眼能辨识,比较直观,而土壤重金属污染则往往要对土壤样品进行化验分析和对农作物进行检验,如对粮食、水果和蔬菜等残留物检验以及摄取食物的人和动物累积反应,从遭受污染到产生恶果有一个相当长的积累过程,具有隐蔽性和潜伏性。如日本因镉中毒而引起的痛痛病,经历了长达二十年才被人们发现。

(2)累积性和地域性

污染物在水体和大气中,通常是随着气流进行长距离的迁移、扩散、转化。在土壤环境中,污染物并不像在水体和大气那样容易稀释和扩散,因此容易不断的积累达到较高的浓度,从而土壤重金属污染具有很强的地域性。

(3)不可逆转性

土壤一旦遭受污染后极难修复,土壤重金属污染基本上是一个不可逆转的过程。其表现为,重金属进入土壤后,很难通过土壤功能进行稀释扩散;对生物体的伤害和对土壤生态系统的结构和功能破坏很难恢复。如被重金属污染的农田生态系统将需要 200 年才能恢复。

（4）治理难且周期长

由于土壤重金属不容易被生物所降解，通过土壤本身的自净功能无法实现土壤的修复。因此，需寻找有效的治理技术进行修复，但是现有的治理方法和修复技术，仍存在治理难、成本高、周期长的问题。

三、农业土壤中重金属污染的来源及潜在危害

1. 土壤重金属污染的来源

设施栽培条件下，土壤重金属主要有以下几方面的来源：

（1）化肥、农药的大量使用

设施栽培的高复种指数、高经济收益决定了大量农药、化肥的投入。不合理地施用化肥及施用含有铅、汞、铜、砷等的农药，都可以导致土壤中重金属污染。一般过磷酸盐中含有较多的重金属 Hg、Cd、As、Zn、Pb，高浓度磷肥次之，氮肥和钾肥含量较低，但氮肥中铅含量较高。矿质肥料中的重金属来自农用矿石中的天然杂质。因此，矿质肥料中重金属的数量因原料及其加工工艺不同而有所不同。混杂有重金属的最主要的矿质肥料为磷肥以及利用磷酸制成的一些复合肥料（磷铵、磷铵钾、硝酸磷肥、硝磷钾等）。通过对新西兰 50 年前和现今同一地点 58 个土样进行对比分析，自施用磷肥后，镉从 0.39mg/kg 升到 0.85mg/kg。在阿根廷由于传统无机磷肥的施入，进而导致土壤重金属 Cd、Cr、Cu、Zn、Ni、Pb 的污染。农药包含多样化学物质，个别农药在组成中含有汞、锌、铜、铁等重金属。各类重金属随农药施入，会给农田土壤造成一定程度的污染。农药中的重金属对农田污染最为严重的是有机汞化合物以及含砷农药的施用，致使土壤中砷的残留量增加，在个别情况下甚至达到 112mg/kg（美国密歇根州）。大棚设施内，相当量的含铜农药长期施用会使土壤中铜的累积达到有毒的浓度。统计结果表明，在莫尔达维亚，每年随农药施入葡萄园土壤的铜约有 6000～8000t，再加上为防治果园和大田作物病害而施入的含铜农药，该国境内每年随农药进入土壤中的铜约达 10000t。

（2）塑料薄膜的使用

农田塑料棚膜的大量使用也可造成土壤重金属的污染，尤其是对 Cd、Pb 含量的影响。目前生产使用的聚氯乙烯和聚乙烯薄膜中，所用热稳定剂多数都是镉、铅的化合物。且这类塑料薄膜耐老化性能较差，一般只可连续使用 4～6 个月。但应用于农业生产，往往持续更多年限，直至塑料老化到不能遮风避雨为止。在此过程中，这些塑料膜受自然环境和人为诸多因素（如大棚增施 CO_2 气肥，棚内温度相对较高，造成酸度增强，加快塑料老化分解）的影响，发生降解作用，而使镉、铅化合物释放出来，造成土壤、棚内空气的严重污染。

（3）利用污水灌溉

污水含有大量的有机质和氮、磷、钾等营养元素，但同时也含有大量的重金属。

污水灌溉一般指使用经过一定处理的城市污水灌溉农田、森林和草地。城市污水包括生活污水、商业污水和工业废水。近年来污水灌溉已成为农业灌溉用水的重要组成部分。中国自 20 世纪 60 年代至今污灌面积迅速扩大，以北方旱作地区污灌最为普遍、约占全国污灌面积的 90% 以上，南方地区的污灌面积仅占 6%，其余在西北和青藏。污灌导致土壤重金

属 Hg、Cd、Cr、As、Cu、Zn、Pb 等含量的增加。研究表明,在施用不经生物学处理和化学处理的污水时,污水中所含的全部污染物都将进入土壤。EL-Bassam(1982)进行的研究表明,在有 80 余年历史的污灌区内,Cr、Hg、Zn 的浓度都已超过了其最大允许浓度。淮阳污灌区自污灌以来,金属 Hg、Cd、Cr、As、Pb 等就逐渐增高,1995—1997 年已超过警戒级;太原污灌区的重金属 Pb、Cd、Cr 含量远远超过当地背景值且积累量逐年增高。在北方由于许多日光温室建在城市近郊及污水灌区内,而土壤中重金属污染是一个逐渐累积的过程,仍有一定数量的保护地栽培灌溉用水为城市污水,因此,污水灌溉也就成为设施土壤重金属污染的一个主要来源。

(4)生活垃圾堆肥的施用

生活垃圾堆肥由处理城市废弃物的专门企业生产。从化学组成看,垃圾堆肥含有汞的概率较高,锌较多,还发现有铅、镍、铬。有研究证明,工业法生产的垃圾堆肥中也能含有相当量的 Pb 和 Cd,国内许多大中城市近郊既是设施栽培集中分布区,又是垃圾沤肥使用较多的区域,也就成为设施土壤重金属污染的来源之一。同一区域土壤中重金属污染物的来源途径可以是单一的,也可以是多途径的。胡永定通过研究徐州荆马河区域土壤重金属污染的成因指出,Cr、Pb 是由垃圾施用引起的,As 是由农灌引起的,Cd 是由农灌和垃圾施用引起的,Hg 是以上各种途径引起的。王文样通过对山东省耕地重金属元素污染状况的研究说明,工业快速发展地区铅高于农业环境,铅与距公路远近有关。乡镇企业技术、设备落后,原材料利用率低,造成其周边土壤重金属污染相当严重,据贵州 1986 年的统计,全省乡镇排放汞 14.7×10^4 kg,土壤中有的地方达 56.64mg/kg,超过未污染土壤的 84.5 倍。总的来说,同等条件下的设施土壤污染远高于露地,离工矿区越近的污染也更为严重。并且地表高于地下,污染区污染时间越长重金属积累就越多,并随着设施栽培年限的延长,土壤重金属污染具有很强的叠加性,熟化程度越高重金属含量越高。

2. 土壤重金属污染的危害

土壤中的重金属元素通过抑制农产品植物细胞分裂和伸长,刺激和抑制一些酶的活性,影响组织蛋白质合成,降低光合作用和呼吸作用,伤害细胞膜系统,从而影响农产品的生长和发育。设施土壤重金属污染是由多个元素共存和作用造成的,元素之间的交互作用使复合污染的生态效应有别于单元素污染,从而对重金属在土壤—植物系统的迁移也会产生不同的影响。周启星等报道,镉—锌复合污染对水稻生长发育和对植株体内镉、锌累积量与分配的影响,在生态学上不是单一的加合或拮抗效应,它既取决于镉和锌的浓度比,又与作物的部位有关;另外,镉—锌的相互作用会导致植株各器官组织均累积更多的有毒元素镉,从而使锌的累积量处于减少状态。重金属在土壤—植物系统的迁移、累积也影响到人体健康。据调查发现,成都污灌区、沈阳张士污灌区常见病发生率明显高于对照地区,其中张士污灌区居民癌症死亡率达 0.117%,尿镉质量浓度也高达 3.83μg/L,明显高于对照区。不仅如此,在一些地区重金属镉的污染甚至已发展到生产"镉米"的程度;在汞污染严重的污灌区,生产出的稻草平均含汞量高达 1.24mg/kg,超过背景值 27 倍。因此,应广泛重视土壤重金属的潜在危害。

(1)土壤汞(Hg)污染的危害

汞是植物非必需元素,但几乎所有的植物体内均含有微量汞,它是中度积累性元素。植物体可以通过根部吸收土壤中的汞,也可以通过叶片呼吸作用吸收大气飘尘中的汞和由土壤释放的汞蒸气中的汞。由于汞具有低熔点和高蒸气压的特性,其在环境中的分布与迁移具有独特的性质,也造成了研究其危害植物的困难。汞对植物生长发育的影响主要是抑制光合作用、根系生长和养分吸收、酶的活性、根瘤菌的固氮作用等。植物受到汞污染后会出现叶片黄化、植株低矮、分蘖受限制、根系发育不正常等症状,严重时产量明显下降。土培试验结果表明,当用含汞 2.5mg/L 的水灌溉水稻时,水稻的生长明显受到抑制,产量降低了27.4%;当水中汞浓度为 5.0mg/L 时,可减产达 90% 以上,同样,在灌溉水中汞为 2.5mg/L 时,油菜的生长也受到明显影响,产量降低 12.3%。有些资料报道,尽管土壤中总汞含量有时很高,但作物的含汞量不一定高,这时汞可能是不易溶的 HgS 等形态,而被作物直接吸收的有效汞则很少。目前土壤环境汞污染对作物生长发育直接影响的研究尚不多见,研究的重点仍是汞作物体内的残留、转移、累积规律及其影响因素问题。汞的毒性很强,而有机汞化合物的毒性又超过无机汞。无机汞化合物如 HgCl、$HgCl_2$、HgO 等不易溶解,所以进入生物组织较少。由于甲基汞为脂肪性物质,生物体对其吸收率可达 100%,因而甲基汞极易进入生物组织,并有很高的蓄积作用,危害力极大。汞在人体中蓄积于肾、肝、脑中,主要毒害神经,破坏蛋白质、核酸,出现手足麻木,神经紊乱等症状。日本水俣病公害就是由无机汞转化为有机汞,经食物链进入人体而引起的。灌溉水质标准规定总汞不得超过 0.001mg/L。

土壤汞污染对土壤微生物、土壤酶活性以及土壤的理化性质也有影响。受 Hg、Cd、Pb、Cr 污染的土壤细菌总数明显降低,当土壤中 Hg 浓度为 0.7mg/kg,Cd 为 3mg/kg,Pb 为 100mg/kg,Cr 为 50mg/kg 时,细菌总数开始下降。与 Cd 相比,Hg 的影响程度大于 Cd。与 Pb 相比,Cr 的抑制作用显著。随着培养时间的加长,Hg、Cd、Pb 的抑制作用呈略有降低的趋势,而 Cr 则相反,随着培养时间的加长抑制作用更为明显。Hg 对脲酶的抑制作用最为敏感,其余依次为转化酶、磷酸酶和过氧化氢酶。据有关材料,Hg^{2+} 对土壤中 NO^{3-}-N 的淋失抑制强度比 Cd^{2+}、Pb^{2+}、Ni^{2+}、Cu^{2+}、Cr^{3+} 均大,并且可持续 7～11 周以上。因此,汞污染的土壤生态效应问题,应引起我们的足够重视。

(2)土壤镉(Cd)污染的危害

镉不是植物生长发育必需的元素。土壤中过量的镉,不仅能在植物体内残留,而且也会对植物的生长发育产生明显的危害。镉破坏叶片的叶绿素结构,降低叶绿素含量,使叶片发黄褪绿,严重的几乎所有的叶片都出现褪绿现象,叶脉组织呈绛紫色,变脆、萎缩,叶绿素严重缺乏,表现为缺铁症状。由于叶片受到严重伤害,致使生长缓慢,植株矮小,根系受到抑制,产量降低,在高浓度镉的毒害下发生死亡。

污染性镉主要通过消化道进入人体。镉化合物的毒性极大,而且具有蓄积性,引起慢性中毒的潜伏期可达 10～30 年之久。镉进入人体后,一部分与血红蛋白结合,一部分与低分子金属硫蛋白结合,然后随血液分布到内脏器官,最后主要蓄积于肾和肝中。如在日本神通川流域由于镉污染引起的骨痛病是举世皆知的。镉中毒可在肾脏、肝脏、胃肠系统、心脏、睾丸、胰脏、骨骼和血管中观察出病变。在所有的病变中,贫血是慢性镉中毒的常见症状,这是由于镉和铁或镉和铜在新陈代谢中的拮抗作用引起的。灌溉水质的镉标准为 0.002mg/L 和 0.005mg/L。

镉对土壤微生物、土壤酶活性也有影响。镉对以下四种酶活性的抑制作用依下列顺序递减:脲酶＞转化酶＞磷酸酶＞过氧化氢酶。当加入土壤中 Cd 量为 100mg/kg 时,脲酶活性降至原来活性值的 63%～82%,转化酶、磷酸酶和过氧化氢酶分别降至 73.92%～98%。

当加入的 Cd 量为 300 mg/kg 时,相应指标分别为 55％～56％、67％、91％和 98％。Cd 对土壤酶活性的抑制程度较 Hg 的小,镉对硝化细菌的活性有明显的抑制作用,通过对 19 种痕量元素(Cd^{2+}、Cr^{3+}、Cu^{2+}、Mn^{2+}、Pb^{2+}、Zn^{2+} 等)对硝化过程影响的研究,发现当其为 300 mg/kg 水平时,均有抑制作用,其中 Cd^{2+} 的抑制影响相当显著。我国高拯民等的研究结果也证实了 Cd^{2+} 对 NO_3^--N 淋失抑制的强度仅次于 Hg^{2+},居第二位,且可持续 7～11 周以上。因此,镉使土壤中氮的转化受到明显影响。

(3)土壤铅(Pb)污染的危害

铅不是植物生长发育的必需元素。植物对铅的敏感性较汞、镉低。低浓度时对作物的影响不明显。当土壤含铅量大于 1000mg/kg 时,秧苗出现条状褐斑,苗身矮小,根系短而少。达到 4000mg/kg 时,秧苗的叶尖与叶缘均呈褐色斑块,最后枯萎致死。铅在土壤环境中比较稳定,因此引起作物明显减产的浓度较高。

铅对植物的直接危害,主要通过抑制或者促进某些不正常酶的活性,影响植物的光合作用和呼吸作用强度,表现为叶绿素下降,暗呼吸上升,从而阻碍植物呼吸和 CO_2 的同化作用。

铅对动物的危害表现为蓄积性中毒,它能与人体内的多酶结合,或者以 $Pb_3(PO_4)_2$ 沉积在骨骼中,从而干扰机体多方面生理活动,导致全身各系统和各器官均产生危害,尤其是造血、神经、消化和循环系统,出现便秘、贫血、腹痛等症状。目前,农用灌溉水标准规定的铅限量不得超过 1.0mg/L。

铅对土壤微生物、土壤酶活性的影响较 Hg^{2+} 和 Cd^{2+} 的影响小,持续时间也短,但是长期大量施用含铅的污泥或者污灌,有可能使土壤中氮的转化受到严重影响。

(4)土壤铬(Cr)污染的危害

植物体内均含有微量的铬,至今尚未证实铬是植物生长发育的必需元素,但它对植物的生长发育有一定影响,并且与周围的自然环境有着密切的关系。当土壤铬含量低时,增施微量铬可以刺激作物生长,提高产量。但是当环境中的铬超过一定量时,则对植物产生危害。

高浓度铬对植物的危害主要是阻碍植物体内水分和营养向地上部分输送,并破坏代谢作用,能穿过细胞,干扰和阻碍植物对必需元素如钙、钾、镁、磷、铁等元素的吸收和运输,抑制光合作用等等。铬对种子萌发、作物生长的主要影响是使细胞质壁分离、细胞膜透性变化并使组织失水,影响氨基酸含量,改变植株体内的羟羧化酶、抗坏血酸氧化酶。植物遭受铬毒害后的外观症状是根功能受抑制,生长缓慢和叶卷曲、褪色。

铬是人体必需的微量元素,是人体内分泌腺的组成成分之一。三价铬协助胰岛素发挥生物作用,为糖和胆固醇代谢所需。人体缺铬会导致脂肪、糖、蛋白质代谢系统的紊乱。但是,土壤铬污染严重可通过食物链对人体产生危害,其毒性主要由六价铬引起,表现为消化系统紊乱、呼吸系统疾病等等。能引起溃疡,在植物体内蓄积而致癌,其毒性顺序为 $Cr^{6+} >$ $Cr^{3+} > Cr^{2+}$,灌溉水规定铬浓度不得超过 0.1mg/kg。

铬对土壤微生物及土壤酶活性也有一定的抑制作用,其影响趋势与 Hg、Cd、Pd 类似。

(5)土壤砷(As)污染的危害

低浓度的砷对植物有刺激作用,据有关实验研究,土壤含砷量 5～10mg/kg 时,能刺激植物生长,促进固氮菌生长与磷的释放。但当土壤中的砷超过一定量时,则对植物生长产生危害。

砷对植物的危害因价态而异,三价砷的毒性比五价砷大 3 倍以上,砷对植物的危害首先表现在叶片上,受害叶片卷曲、枯萎、脱落,其次根部伸长受到阻碍,植物的生长发育受到显著抑制,甚至枯死。砷可以取代 DNA 中的磷,妨碍水分特别是养分的吸收,抑制水分从根部向上输送,从而使叶片凋萎以致枯死。过量的砷会引起地面蒸腾下降,抑制土壤的氧化和硝化作用以及酶活性等。砷对养分阻碍吸收的顺序是 $K_2O > NH_4^+ > NO_3^- > MgO > P_2O_5 > CaO$。高等植物受砷害叶片发黄的原因有两个,一是叶绿素受到了破坏,二是水分和氮素的吸收受到了阻碍。

　　砷不是人体必需元素。传统剧毒物,As_2O_3,即砒霜对人体有很大毒性。砷中毒是由于三价砷的氧化物与细胞蛋白质的巯基(-SH)相结合,抑制了细胞呼吸酶的活性,并导致其分解过程及有关中间代谢均遭到破坏,从而使中枢神经系统发生机能紊乱、毛细血管麻痹和肌肉瘫痪等。慢性砷中毒主要表现为神经衰弱、消化系统障碍等,并且有致癌作用。灌溉水质标准规定水田砷浓度不得超过 0.05mg/L,旱田不得超过 0.1mg/L。

　　砷对土壤微生物也有一定的毒性。土壤受砷污染后,细菌总数明显减少。不同浓度砷化物对细菌的影响效应具有一定差异,以亚砷酸钠的抑制作用最为明显。

第二章　肥料、土壤及农作物中有害因子的检测方法

第一节　三聚氰胺的检测技术

一、三聚氰胺的样品前处理技术

随着环境样品复杂性的增加,越来越多的分析方法需要简便且具有较低的检测限,选择合适、快速、简单的样品前处理和净化程序是分析复杂样品的先决条件(郎印海,2004)。目前,三聚氰胺前处理最常用的提取技术包括机械振荡、搅拌及匀浆、超声波提取和液液萃取等,本章针对不同的基质采用了超声波提取、机械振荡和固相萃取三种提取方式。

(一)材料与方法

1. 仪器与试剂

PE200 高效液相色谱仪,Perkin Elmer 公司;

TSQ Quantum 三重四级杆液质联用仪,赛默飞世尔科技(中国)有限公司;

EDAA-2500TH 超声仪,上海安谱科学仪器有限公司;

IKA·KS 260 basic 周转式振荡器,IKA 中国公司;

AllegraX-22R 离心机,贝克曼库尔特商贸(中国)有限公司;

EFAA-DC12H 氮吹仪,上海安谱科学仪器有限公司。

三聚氰胺标准品:纯度≥99%,N^{15} 标记的三聚氰胺,由上海化工研究院提供。

乙腈、甲醇均为色谱纯,氨水、三氯乙酸、乙酸铵、庚烷磺酸钠、柠檬酸由上海国药集团提供。

2. 供试材料

(1)供试土壤取自上海闵行区浦江镇农田 0～20cm 表层的水稻土,土壤基本理化性质如表 2-1。

表 2-1　供试土壤理化性质

pH 值	有机质 (g·kg^{-1})	全氮 (g·kg^{-1})	全磷 (g·kg^{-1})	CEC (cmol·kg^{-1})	机械组成(%)		
					砂粒	粉粒	黏粒
8.18	16.17	1.14	1.36	15.60	51.49	28.37	20.14

(2)供试作物:青菜、马铃薯、小麦。

(3)供试肥料：无机、有机和复(混)肥，由上海出入境检验检疫局提供。

3.样品前处理步骤

(1)土壤：准确称取 2.00g 土样，加入一定量的三聚氰胺标准品，选择氨水甲醇(5/95，v/v)、20%甲醇和 90%乙腈溶液为提取剂，分别对样品超声 2min、5min、10min、20min 和 30min，比较不同提取剂和超声时间对土壤中三聚氰胺提取效率的影响。

(2)蔬菜：称取 5g 青菜样品(马铃薯、小麦样品称取 1g)于 50mL 离心管中，分别用氨水/甲醇溶液(5/95，v/v)、氨水/乙腈溶液(5/95，v/v)、甲醇溶液(50%)、乙腈溶液(50%)、水以及 1%三氯乙酸提取，超声时间从 2min 到 30min，比较提取次数，确定最优提取条件。

(3)肥料：提取方法的优化。准确称取 1.000g 化肥样品粉末(精确到 0.1mg)，置于锥形瓶中，加入一定量的三聚氰胺标准溶液，分别用 30mL 氨水/甲醇/水(20/70/10，v/v/v)、甲醇/水(50/50，v/v)、水，以及流动相(乙腈/庚烷磺酸钠——柠檬酸缓冲液 15/85，v/v)提取，分别进行超声提取和振荡提取，样品经过预处理，取一定提取液氮吹干后分别用 20%甲醇水溶液和流动相(乙腈/庚烷磺酸钠—柠檬酸缓冲液 15/85，v/v)定容，比较定容液对仪器检测的影响。

4.方法回收率试验

准确称取 2.000g 土壤，添加适量的三聚氰胺标准溶液于土壤样品中，分别配制成三聚氰胺浓度为 50mg/kg、200mg/kg、800mg/kg 的溶液，涡旋 1min，静置过夜，待甲醇完全挥发后，对样品进行预处理。

二、结果与分析

(一)土壤中三聚氰胺测定的前处理方法

1.提取试剂的选择

图 2-1 为氨水/甲醇(5/95，v/v)、甲醇(20%)和乙腈(90%)不同提取试剂对土壤样品中三聚氰胺的提取效果，图中可见，三种提取剂对土壤中三聚氰胺的提取效果依次为氨水/甲醇>甲醇>乙腈，其回收率分别为 95.4%、87.4% 和 61.0%(图 2-1)。

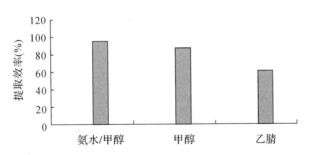

图 2-1　不同提取试剂对土壤中三聚氰胺提取效率的影响

2.超声时间的选择

选出最佳提取试剂后，再通过调整超声时间对提取方法进行优化。称取 2g 土样，用氨水/甲醇溶液作为提取试剂，考察不同超声时间对三聚氰胺土壤回收率的影响，结果见图 2-2。图中可见，超声 2min、5min、10min、20min 和 30min，土壤中三聚氰胺的回收率分别为 85.3%、86.8%、87.7%、87.7%、88.5%。显著性检验结果表明，除超声 2min 处理的回收率有显著性差异外,其他四个处理的回收率之间无显著性差异。因此,选择超声 5min 处理,节省了样品预处理时间。

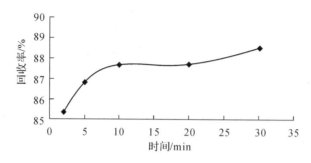

图 2-2 超声时间对回收率的影响

3. 方法回收率

表 2-2 中可见,当添加水平在 50～800mg/kg 范围内,回收率在 82.65%～90.67%,变异系数为 0.76%～2.78%。具有较好的重现性,精密度较高。

表 2-2 土壤样品中三聚氰胺回收率

添加浓度(mg/kg)	测定值(μg/mL)			平均回收率(%)	变异系数(%)
	1	2	3		
50.00	1.83	1.80	1.81	90.67	0.76
200.00	7.48	7.10	7.09	90.29	2.78
800.00	25.97	26.42	26.95	82.65	1.53

通过提取试剂以及超声时间的优化,最终确定土壤中三聚氰胺测定的前处理方法:准确称取 2.000g 土壤样品(过 20 目筛),置于 50mL 离心管中,加入 25mL 氨水甲醇溶液,振荡混匀后超声提取 5min,在 0℃、10000r/min 条件下离心 10min,将上清液倒入另一 50mL 离心管中。在盛有残渣的离心管中再次加入 25mL 氨水甲醇溶液,重复上述操作,将上清液倒入盛有第一次上清液的离心管中。取混合后的上清液 5mL,N_2 吹干,用 20% 甲醇溶液定容至 5mL,过 0.45μm 有机滤膜后,上机检测。

(二)蔬菜中三聚氰胺测定的前处理方法

1. 提取试剂

图 2-3 为不同提取试剂对马铃薯中三聚氰胺的提取效率,氨水/甲醇溶液(5/95,v/v)、氨水/乙腈溶液(5/95,v/v)、甲醇溶液(50%)、乙腈溶液(50%)、水以及 1% 三氯乙酸的提取效率依次为 17.3%、5.5%、9.5%、10.6%、10.6% 和 92.3%。

因此,确定最佳提取试剂为 1% 三氯乙酸。

2. 超声时间和提取次数

以 1% 三氯乙酸为提取试剂,比较了超声时间以及提取次数对回收率的影响,见表2-3。超声时间从 2min 到 30min,回收率依次为 80.5%、90.4%、91.4%、90.4%、91.9%。结果显示,除 2min 外,延长超声时间对提取效果影响不明显,因此选择超声时间为 5min。

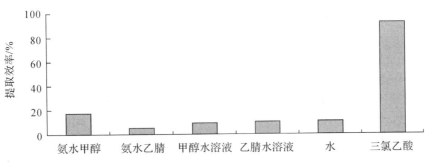

图 2-3 不同提取试剂对三聚氰胺的提取效率

表 2-3 超声时间对提取效率的影响

超声时间（min）	回收率（%）			均值（%）
2	80.5	79.8	81.2	80.5
5	89.4	90.6	91.3	90.4
10	91.8	92.1	90.4	91.4
20	88.9	89.7	92.6	90.4
30	93.5	90.4	91.7	91.9

在提取试剂为 1‰三氯乙酸、超声 5min 条件下，比较提取次数对回收率的影响，见表 2-4。50mL1‰三氯乙酸提取 1 次回收率为 91.5‰；25mL1‰三氯乙酸提取 2 次回收率为 92.3‰。结果表明，提取次数对提取效果影响不明显，因此选择提取 1 次。

表 2-4 提取次数对提取效率的影响

提取次数	回收率（%）			均值（%）
1	92.5	91.2	90.8	91.5
2	93.4	92.3	91.1	92.3

3. 方法添加回收率

表 2-5 为青菜和马铃薯样品中添加不同浓度三聚氰胺时的回收率。表中可见，当青菜添加 0.2～20mg/kg 三聚氰胺浓度时，回收率为 71.2%～95.4%，变异系数为 1.40%～5.19%。当马铃薯中三聚氰胺添加浓度为 1.0～50mg/kg 时，回收率为 93.8%～107%，变异系数为 2.12%～2.43%，具有较好的重现性，精密度较高，证明该检测方法可行。

表 2-5 不同处理的蔬菜样品中三聚氰胺回收率

供试蔬菜	添加浓度 (mg·kg^{-1})	测定值（mg·kg^{-1}）			平均回收率 （%）	变异系数 （%）
		1	2	3		
	0.2	0.160	0.173	0.177	85.0	5.19
青菜	2.0	1.93	1.77	1.83	95.4	4.40
	20	14.0	14.2	14.5	71.2	1.40

续表

供试蔬菜	添加浓度 (mg·kg^{-1})	测定值(mg·kg^{-1})			平均回收率 (%)	变异系数 (%)
		1	2	3		
马铃薯	1.0	0.953	0.915	0.944	93.8	2.12
	50	55.1	52.5	53.6	107	2.43

通过提取试剂、超声时间、提取次数的比较,最终得到作物中三聚氰胺前处理的方法为:将青菜清洗干净后剪碎(马铃薯、小麦样品清洗干净,切成薄片,50℃烘干,研磨成粉状)。称取 5g 青菜样品(马铃薯、小麦样品称取 1g)于 50mL 离心管中,倒入 50mL 提取液(1%三氯乙酸)。超声提取 5min,然后在 0℃、10000r/min 的条件下离心 10min,取 30ml 上清液倒入另一 50mL 的离心管中,加入 2ml 乙酸(22g/L),振荡 1min 后离心 5min。取 3mL 上清液过 MCX 柱,用氨水甲醇溶液洗脱,并收集洗脱液,然后在氮吹仪中吹干,接着用 90%乙腈溶液定容至 5mL,取 2mL,过 0.45μm 有机滤膜,LC-MS-MS 检测。

(三)肥料中三聚氰胺测定的前处理方法

1. 提取方式的选择

表 2-6 为不同提取方式下检测化肥中三聚氰胺的含量。由表 2-6 可以看出,机械振荡方式对三聚氰胺的提取效率为 95%～105%,而超声提取为 11.75%～41.44%,机械振荡方式明显高于超声方式,因此采用机械振荡方式有助于三聚氰胺的提取。

表 2-6 不同提取方式检测化肥中三聚氰胺的回收率(%)

样品编号	超声	机械振荡
无机肥	28.60	99.4
有机肥	41.44	95.0
复(混)肥 A	11.75	105
复(混)肥 B	30.29	97.0

2. 提取试剂的选择

表 2-7 为不同氨水比例的氨水/甲醇/水溶液对肥料中三聚氰胺的提取效率。由表中可见,化肥中三聚氰胺的提取含量并未随着提取液中氨水比例的提高而增加,当氨水比例为20%时提取效果最佳。

表 2-7 不同氨水比例对肥料中三聚氰胺提取效率的影响

提取液氨水比例%	检测含量/(mg/kg)	提取效率(%)
5	27.0	64.83
10	24.6	59.06
20	41.4	99.40
30	33.9	81.39
40	33.3	79.95

表 2-8 为不同提取液对化肥中三聚氰胺的提取效果。由表中可见,同一化肥样品用氨水/甲醇/水溶液作为提取液测定的化肥样品中三聚氰胺含量最高,回收率达到 94.7%～101.2%,提取效果最好。甲醇/水溶液作为提取液提取效果稍差,回收率为 60.5%～87.1%。用水提取的效果最差,基线较高,且没有明显的峰出现。用乙腈/庚烷磺酸钠-柠檬酸缓冲液(15/85,v/v)作为提取液时,结果只有在 2～3min 时出现峰,无其他峰。标液出峰时间为 7.65min。因此,氨水甲醇作为提取液提取效果明显优于其他。

表 2-8　不同提取液提取化肥中三聚氰胺含量及回收率

提取试剂	加标回收率/(%)					
	低浓度(5μg/mL)			高浓度(500μg/mL)		
氨水/甲醇/水(20/70/10,v/v)	95.0	94.7	95.6	99.4	98.3	101.2
甲醇/水(50/50,v/v)	60.5	63.2	61.8	84.8	85.4	87.1

3. 定容液的选择

化肥样品按前述最优提取方法提取后,取 10mL,氮吹干,分别用 5mL 20%甲醇/水溶液、5mL 乙腈/庚烷磺酸钠-柠檬酸缓冲液 15/85,v/v 定容。HPLC 检测结果如图 2-4 所示。通过图谱可以明显看到,与 20%甲醇/水溶液相比,用乙腈/庚烷磺酸钠-柠檬酸缓冲液 15/85,v/v 作为定容液时,检测灵敏度大大提高。

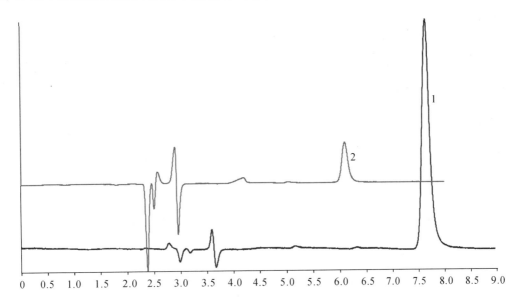

图 2-4　不同定容液条件下肥料中三聚氰胺 HPLC 图谱

注:1 为乙腈/庚烷磺酸钠-柠檬酸缓冲液 15/85,v/v;2 为 20%甲醇/水溶液

通过提取方式、提取试剂、定容液的优化,最终确定化肥中三聚氰胺测定的前处理方法为:准确称取 1.000g 化肥样品粉末(精确到 0.1mg),置于锥形瓶中,加入 25mL 氨水/甲醇/水(20/70/10)提取液,振荡 30min,之后在 0℃,10000r/min 条件下离心 10min,将上清液倒入另一锥形瓶中。在盛有残渣的锥形瓶中再次加入 25mL 提取液,重复上述操作,将上清液

倒入盛有第一次上清液的锥形瓶中。取混合后的上清液 10mL,氮吹干,用稀释液定容至 5mL,过 $0.45\mu m$ 有机滤膜后,HPLC 上机检测。

（四）小结

（1）采用氨水甲醇溶液为提取试剂,超声 5min,对土壤中三聚氰胺进行前处理时,三聚氰胺在 $50\sim800\mu g/mL$ 加标范围内平均回收率为 $82.6\%\sim90.7\%$,变异系数为 $0.76\%\sim2.78\%$。操作简便,对三聚氰胺提取重复性好,灵敏度高,适用于土壤中三聚氰胺的检测。

（2）蔬菜中采用 1% 三氯乙酸为提取试剂,超声 5min,50ml 提取液提取一次,结果表明,青菜添加水平在 $0.2\sim20mg/kg$ 范围内,回收率在 $71.2\%\sim95.4\%$,变异系数为 $1.40\%\sim5.19\%$;马铃薯添加水平在 $1.0\sim50mg/kg$ 范围内,回收率在 $93.8\%\sim107\%$,变异系数为 $2.12\%\sim2.43\%$。

（3）肥料中以氨水/甲醇/水（20/70/10,v/v）为提取试剂,选择乙腈/庚烷磺酸钠-柠檬酸缓冲液 15/85,v/v 作为定容液,检测灵敏度大大提高,在此方法下得出肥料中三聚氰胺添加浓度为 $5\sim500\mu g/mL$ 范围内,平均回收率为 $95.1\%\sim99.6\%$。该方法准确度高,重现性好,适用于肥料中三聚氰胺的检测。

三、三聚氰胺 HPLC 和 LC-MS/MS 色谱检测条件建立

高效液相色谱（HPLC）和液质联用法（LC-MS/MS）作为快速、准确的分析检验手段,在奶制品三聚氰胺检测等行业和领域得到应用。然而,在 HPLC 中,由于三聚氰胺含有 3 个有机氮基团,极性强,因此其溶解性质决定了三聚氰胺不可能使用正相色谱柱进行分离,而在普通 C18 反相柱上则因洗脱过快,无法达到分离效果。目前,相关文献报道的 HPLC 方法基本都需要添加庚烷磺酸钠等离子对试剂以增加三聚氰胺的保持（俞建君,冯薇,辜雪英）,虽然这种方法能够分离定量,但限制了液质联用的应用。本章优选了 WCX 色谱柱用于测定三聚氰胺,检测过程不需加入离子对试剂,可与 LCMS 联机使用,且操作简便、灵敏度高。目前液相色谱技术检测三聚氰胺还存在一些问题,诸如流动相中有大量的缓冲盐,这给仪器的维护带来了极大麻烦;同时缓冲盐的流动相体系,也限制其在液质联用方面的使用（赵晓娟等,2012）。本章通过对色谱柱、流动相和流速等检测参数的优化,研究建立了三聚氰胺 HPLC 和 LC-MS/MS 检测方法,为进一步研究其在土壤-作物系统中的降解与吸收效应奠定基础。

（一）材料与方法

1.仪器与试剂

PE200 高效液相色谱仪,Perkin Elmer 公司;

TSQ Quantum 三重四级杆液质联用仪,赛默飞世尔科技（中国）有限公司;

EDAA-2500TH 超声仪,上海安谱科学仪器有限公司;

AllegraX-22R 离心机,贝克曼库尔特商贸（中国）有限公司;

EFAA-DC12H 氮吹仪,上海安谱科学仪器有限公司。

三聚氰胺标准品:纯度≥99%,由上海化工研究院提供;

乙腈、甲醇均为色谱纯,氨水、三氯乙酸、乙酸铵、庚烷磺酸钠、柠檬酸,由上海国药集团提供。

2. 方法

(1)三聚氰胺标准溶液的配制:准确称取 100mg 三聚氰胺标准品,用 20％的甲醇溶液溶解定容至 100mL 的容量瓶中,4℃冷藏备用。

(2)HPLC 色谱检测条件:

①色谱条件。

色谱柱:SPHERI-5 RP-18(5μm,250mm×4.6mm);柱温 30℃;UV 检测器;进样量 10μL;流动相为乙腈(A)、庚烷磺酸钠和柠檬酸缓冲盐(B)。

②波长的选择。

固定流动相配比为 A∶B＝15％∶85％,v/v,流速为 1.0mL/min,改变波长为 235～246nm,检测三聚氰胺的标准溶液,比较不同波长下三聚氰胺的色谱图。

③流动相配比的选择。

固定波长为 240nm,流速为 1.0mL/min,分别改变流动相配比为 A∶B＝10∶90(v/v)和 A∶B＝15∶85(v/v),检测三聚氰胺的标准溶液,比较不同流动相配比下三聚氰胺的色谱图。

④流速的选择。

在波长为 240nm、流动相配比为 A∶B＝15∶85(v/v)的条件下,改变流速为 0.8～1.2mL/min,检测三聚氰胺的标准溶液,比较不同流速下三聚氰胺的色谱图。

(3)LC-MS/MS 检测条件建立:

①柱子的选择。

分别比较 Hillic 柱(150×2.1mm×5μm)、WAX 柱(3.0mm×50mm,3μm)以及 WCX 柱(3.0mm×50mm,3μm)对三聚氰胺的保留情况,用三种柱子分别检测三聚氰胺的标准溶液,比较不同柱子条件下三聚氰胺的色谱图。

②流动相配比的选择。

选择乙腈(A)和 10mmol 的乙酸铵(B)为流动相。分别改变流动相配比为 A∶B＝80∶20(v∶v)和 A∶B＝90∶10(v∶v),比较两种条件下三聚氰胺标准溶液的色谱图。

③流动相 pH 的选择。

在柱子和流动相配比相同的条件下,分别改变流动相 pH 为 pH＝3、pH＝4、pH＝5,检测三聚氰胺的标准溶液,比较不同 pH 条件下三聚氰胺的色谱图。

(二)结果与分析

1.三聚氰胺 HPLC 分析方法

(1)波长的选择

图 2-5 为三聚氰胺在不同波长条件下的色谱图,其中 1～12 分别为在流动相配比为 A∶B＝15∶85(v/v)、流速为 1.0mL/min 时,波长为 235～246nm 的色谱图。结果表明,随着波长的增大,峰面积减小,保留时间相当。从峰型来看,色谱图 3～6 即波长为 237～240nm 时,峰型较好。用可调波长紫外检测器在 200～400nm 波长范围内扫描测定表明,三聚氰胺在波长为 240nm 时响应值最大。因此,确定三聚氰胺的最佳紫外波长为 240nm。

(2)流动相配比的选择

图 2-6 为不同流动相配比条件下三聚氰胺的标准色谱图。图中可见,在波长为 240nm、流速为 1.0mL/min 条件下,以乙腈(A)/庚烷磺酸钠-柠檬酸缓冲液(B)为流动相,乙腈比例

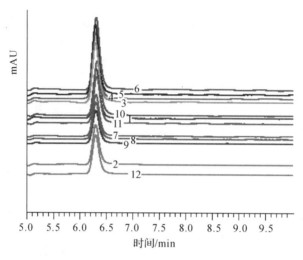

图 2-5 三聚氰胺在不同波长条件下的色谱图

为 10％时，三聚氰胺的保留时间为 11.29min。而当乙腈比例 15％时，保留时间为 6.07min，与 10％乙腈相比，保留时间明显提前，且峰型尖锐对称，灵敏度提高，因此，研究选用乙腈/庚烷磺酸钠-柠檬酸缓冲液(15/85,v/v)为流动相的配比组合。

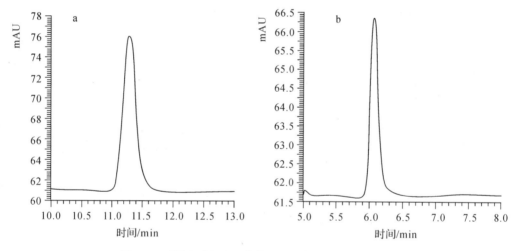

图 2-6 不同流动相配比条件下三聚氰胺的标准色谱图
流动相：乙腈/庚烷磺酸钠-柠檬酸缓冲液(a)10：90(v/v)；(b)15：85(v/v)

（3）流速的选择

流速是影响 HPLC 检测效果的重要因素之一。研究在波长为 240nm，流动相配比为 A：B＝15：85(v/v)的条件下，通过改变流速为 0.8～1.2mL/min，对三聚氰胺标准溶液进行检测。结果显示，随着流速的增大，三聚氰胺保留时间提前，峰面积减小，灵敏度增加。从峰型来看，流速为 1.0mL/min 时，峰型较尖，对称性较好，因此选择流速 1.0mL/min 为最佳流速(图 2-7)。

（4）线性关系

图 2-8 为三聚氰胺标准曲线，图中可见，在流动相配比为 A：B＝15：85(v/v)、流速为

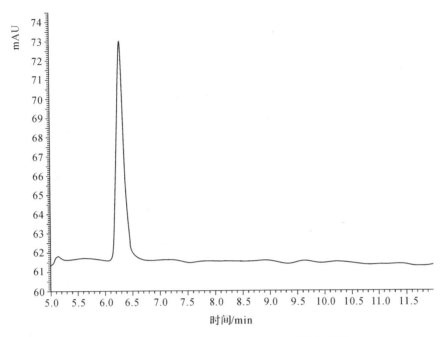

图 2-7 三聚氰胺在 1.0mL/min 流速下的色谱图

1.0mL/min、波长为 240nm 条件下进行色谱分析,以峰面积定量,对浓度为 0.5mg/L、1.0mg/L、5.0mg/L、10.0mg/L、30mg/L 的三聚氰胺标准溶液进行检测并线性回归,结果表明,三聚氰胺在 0.5～30mg/L 浓度范围内线性关系良好,线性回归方程为:$Y=48822X+3396.7$,$R^2=0.9999$。

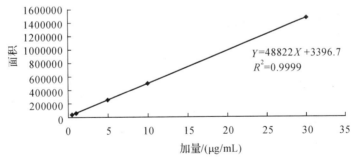

图 2-8 三聚氰胺标准曲线

(5)方法的检测限

通过多次对空白样品的检测,得出 HPLC 检测三聚氰胺的最低检出限为 $0.05\mu g/mL$。通常情况下,仪器的测定下限为检出限的 3～5 倍,考虑到本仪器检测三聚氰胺时基线较好,因此选择检出限的 3 倍作为测定下限,即 $0.15\mu g/mL$。

2.LC-MS/MS 分析方法

(1)柱子选择

选用多种不同的色谱柱进行比较,如表 2-9 所示,其中 Hillic 柱(150mm×2.1mm×5μm)峰形较差,拖尾严重,且保留时间不稳定,同一种样品重复进样,保留时间变化幅度达到 0.2min,较多样品连续进样时会出现保留时间逐渐向后漂移,且面积相差较大。WAX 柱 (3.0mm×50mm,3μm)峰形较好,但是出峰时间太快,同等条件下,样品保留时间为 1.2min。WCX 柱(3.0mm×50mm,3μm)峰形尖锐,对称性较好,保留时间为 4.08min,较为合适,且多次进样时样品保留时间较稳定。

表 2-9　不同柱子三聚氰胺色谱图的比较

柱子	保留时间(min)	峰型
Hillic 柱	1.20	峰形较差,拖尾严重,保留时间不稳定
WAX 柱	3.92	峰形较好,但是出峰时间太快
WCX 柱	4.08	峰形尖锐,对称性较好,保留时间较稳定

(2)流动相选择

选择乙腈(A)和 10mmol 的乙酸铵(B)为流动相。当改变流动相配比为 A:B=80:20 (v:v)时,峰形较宽,保留时间 1.5min,峰尖较钝,对称性差。当改变流动相配比为 A:B= 90:10(v:v)时,峰形变窄,峰尖变锐,通过微调流动相比例以及淋洗梯度,最终确定梯度程序为表 2-10 时峰形较好,保留时间较稳定,重复性较好。

表 2-10　梯度淋洗程序

流动相	0min	2min	4min	7min	7.1min	10min
乙腈(A)	95	95	85	85	95	95
乙酸铵(B)	5	5	15	15	5	5

(3)流动相 pH 选择

流动相 pH 的变化不仅影响样品的保留时间,而且对峰形也有较大的影响。分别改变流动相的 pH 为 pH=3、pH=4、pH=5 时,随着酸度的增加,样品保留时间延长,当流动相 pH=3 时,基线较高,峰形拖尾严重。与流动相 pH=5 相比,当流动相 pH=4 时,样品响应值较大,灵敏度较高,因此最终选择流动相的 pH=4。

(4)线性关系

分别配置浓度为 1ng/mL、2ng/mL、5ng/mL、10ng/mL、20ng/mL 和 50ng/mL 的三聚氰胺和 N^{15} 标记的三聚氰胺混合标准溶液。在前述色谱条件下进行色谱分析,以峰面积定量,对检测结果进行线性回归,结果表明,三聚氰胺和 N^{15} 标记的三聚氰胺在 1~50ng/mL 浓度范围内线性关系良好,三聚氰胺的线性回归方程为 $Y=72469.5X+107834, R^2=0.9995$; N^{15} 标记的三聚氰胺线性回归方程为 $Y=99573.2X-10418.1, R^2=0.9990$。

(5)方法的检测限

方法检测限按照最佳仪器条件,将标准稀释多次进样,以 3 倍信噪比确定 LC-MS/MS 检测低限为 0.3ng/L。

(三)小结

(1)如图 2-9 所示,HPLC 仪器条件采用紫外检测器波长 240nm,流速 1.0mL/min,乙腈/庚烷磺酸钠和柠檬酸缓冲液(15/85,v/v)为流动相,在此方法下得出三聚氰胺在 0.5~

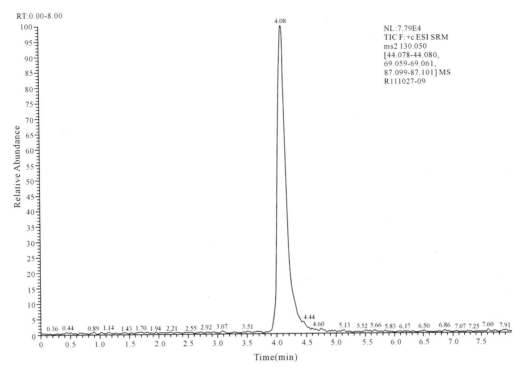

图 2-9 三聚氰胺色谱图

$30\mu\text{g/mL}$ 范围内线性良好,建立线性回归方程为 $Y=48822X+3396.7$,$R^2=0.9999$。方法检测限为 $0.15\mu\text{g/mL}$。

(2)LC-MS/MS 仪器条件采用 WCX 色谱柱,无须在流动相中加入离子对试剂,在流动相配比为乙腈/10mmol 的乙酸铵(90/10,v/v)、流动相 pH 为 4 的条件下测定三聚氰胺,可将其保留时间延长至 4.08min 左右,峰形良好,对称性好。在此条件下得出三聚氰胺在 1~50ng/mL 范围内线性良好,建立线性回归方程为:$Y=99573.2X-10418.1$,$R^2=0.9990$。方法检测限为 0.3ng/L。

第二节　增塑剂检测方法的研究

一、增塑剂的前处理技术

(一)材料与方法

1. 主要仪器与试剂材料

气相色谱-质谱仪:配电子轰击离子源(EI)。

分析天平:感量 0.1mg。

超声波清洗机:功率≥300W。

离心机:转速不低于 3000r/min。

氮气吹干仪。

玻璃器皿:移液管、离心管、量筒。

微孔滤膜:0.45μm,有机相。

注:玻璃器皿洗净,用蒸馏水淋洗三次,丙酮浸泡 1h,300℃下烘烤 2h(容量瓶除外),冷却至室温备用。

正己烷:色谱纯。

二氯甲烷:色谱纯。

正己烷+二氯甲烷(体积比 5+1)混合液:用量筒量取 100mL 正己烷置于烧杯,另用量筒量取 20mL 二氯甲烷置于烧杯,混合摇匀。

丙酮:色谱纯。

邻-苯二甲酸二甲酯(DMP):纯度≥99%,CAS 号 131-11-3。

邻-苯二甲酸二乙酯(DEP):纯度≥99%,CAS 号 84-66-2。

邻-苯二甲酸二丁酯(DBP):纯度≥99%,CAS 号 84-74-2。

邻-苯二甲酸丁基苄酯(BBP):纯度≥98%,CAS 号 85-68-7。

邻-苯二甲酸二(2-乙基)己基酯(DEHP):纯度≥99%,CAS 号 117-81-7。

邻-苯二甲酸二正辛酯(DNOP):纯度≥98%,CAS 号 117-84-0。

邻-苯二甲酸二异壬酯(DINP):纯度≥99%,CAS 号 68515-48-0。

邻-苯二甲酸二异癸酯(DIDP):纯度≥99%,CAS 号 26761-40-0。

邻-苯二甲酸酯标准储备溶液:分别准确称取适量的邻-苯二甲酸酯,用正己烷配制成标准储备溶液。其中 DMP、DEP、DBP、BBP、DEHP、DNOP 浓度均为 1mg/mL,DINP、DIDP 浓度均为 5mg/mL。

邻-苯二甲酸酯标准工作溶液:采用逐级稀释的方法配制 8 种邻-苯二甲酸酯的系列混合标准工作溶液。其中,DMP 浓度分别为 0.1mg/L、0.5mg/L、1.0mg/L、2.0mg/L、5.0mg/L、10.0mg/L,DINP 浓度分别为 0.5mg/L、2.5mg/L、5.0mg/L、10.0mg/L、25.0mg/L、50.0mg/L。(混标溶液中,DEP、DBP、BBP、DEHP、DNOP 与 DMP 浓度一致;DIDP 与 DINP 浓度一致)

2. 样品前处理步骤

称取肥料试样 0.5000g(精确至 0.0001g)于玻璃具塞离心管中,加入 10mL 正己烷+二氯甲烷(体积比 5+1)混合液并加塞密封,在 50℃下超声提取 30min 后冷却,并以不低于 3000r/min 离心 5min,移取上清液至另一玻璃试管中。残渣中加入 10mL 正己烷+二氯甲烷(体积比 5+1)混合液,按上述方法再提取一次,移取上清液与前一次提取液合并。在 40℃下用氮气将该溶液吹至约为 1mL,若无固体析出,则将该溶液用正己烷准确定容至 1.0mL 作为待测液。若有固体析出,则取其中澄清溶液至另一玻璃试管中,并用 2mL 正己烷分两次清洗固体后将清洗液合并于玻璃试管中,在 40℃下用氮气将该溶液吹至约为 1mL 后,用正己烷准确定容至 1.0mL 作为待测液。进样前使用微孔滤膜过滤,若待测溶液超出线性范围,可用正己烷适当稀释后再进样。按上述步骤,对同一试样进行平行试验测定。

3. 条件的优化

(1)提取方式的选择

根据文献,一般的固体样品中目标物的提取方式有超声提取、微波提取、索氏提取、加速溶剂提取等,其各有优劣,见表2-11。相对加速溶剂提取、微波提取、索氏提取等方法,超声提取法在提取一些质地硬而紧实的样品时提取效率稍弱,但它却是一种易于操作、简单快速、成本低廉的提取方法,因此使用较为广泛。肥料大多比较松软、分散,使用超声提取法能使提取溶剂较易渗透至样品内部并对目标物进行提取,因此本方法选择超声提取法作为提取方式。

表 2-11　各种前处理方式的使用特点

样品较为紧实(如塑料、橡胶、中药材等)		
	优点	缺点
超声提取	提取时间短、操作方便	提取效率较低
微波提取	提取效率较高	设备操作烦琐、流程多
索氏提取	提取效率较高	提取时间过长、溶剂使用多
加速溶剂提取	提取时间短、提取效率高、节省溶剂、自动化高	仪器设备昂贵
样品结构较为松散(如纺织品、纸张、肥料等)		
	优点	缺点
超声提取	提取时间短、操作方便、提取效率高	提取次数需多次(一般至少两次)
微波提取	提取效率较高	设备操作烦琐、流程多
索氏提取	提取效率较高	提取时间过长、溶剂使用多
加速溶剂提取	提取时间短、提取效率高、节省溶剂、自动化高	仪器设备昂贵

(2)提取溶剂的选择

提取溶剂的选择一般遵循以下原则:①溶剂的极性需与目标物的极性相近,使溶解度接近;②完全把样品溶解,使目标物完全释放出来,此为最佳方式;③不能完全溶解样品,但可以渗透到样品结构内部,将目标物提取出来,所用的提取方式其实就是辅助和加强这一过程的完成。

根据以上原则及相关文献,提取邻-苯二甲酸酯类物质的溶剂使用较多的是正己烷、二氯甲烷、正己烷与二氯甲烷(5+1)的混合液等。本标准考察以上三种溶剂的单次提取效率:随机选取两种肥料样品,称取同等质量阳性样品(由于初筛发现,肥料中DBP与DEHP检出率较高,因此,以它们为例进行考察),使用同等体积溶剂,在室温下使用超声提取30min,结果发现,三种提取溶剂对邻-苯二甲酸酯类物质的提取效率略有差异。从理论上讲,PAEs是一类含有苯环的极性较弱的化合物,相对而言正己烷极性也较低,其提取出更多极性杂质的能力相对较弱,故能更好降低可能的背景干扰,提取PAEs更具针对性。但考虑到实际样品的复杂性,如肥料中可能会残留一定的地膜、塑料等成分,使用单一极性溶剂无法保证对各种基质样品的高提取效率,使用混合型溶剂的效果会比单一溶剂更好,能提高普遍适用性。因此,选择在肥料中适当引入阳性塑料成分,再以上述方法考察单一正己烷与正己烷+二氯甲烷混合液(5+1)溶剂的提取效率。结果发现,当肥料中存在地膜等塑料成分时,正己烷+二氯甲烷混合液(5+1)明显高于单一正己烷,见表2-12。最终,确定使用正己烷+二氯甲烷(体积比5+1)为提取溶剂。

表 2-12 不同溶剂的提取效率(mg/kg)

PAEs	溶剂	
	正己烷	正己烷＋二氯甲烷(5＋1)
DBP	0.42	0.95
DEHP	0.35	0.68

(3)提取温度的选择

一般而言,温度对提取效率的影响较大,温度越高越有利于溶剂渗透入样品内部,并提高溶剂对目标物的溶解能力。由于二氯甲烷沸点 39.8℃,而正己烷沸点 69℃,因此,对其混合液正己烷＋二氯甲烷(体积比 5＋1),选取考察提取温度为 25℃、30℃、40℃、50℃。随机选取某阳性样品(以 DEHP、DBP 为目标物),称量四份同等质量样品(0.50g),在同等时间下进行单次提取试验,见表 2-13。结果表明,随着温度升高,被提取的 PAEs 的量越高,即提取效率越高。温度过高,容易造成溶剂快速挥发,且 50℃提取效率满意,故本方法选择 50℃作为提取温度。

表 2-13 不同提取温度下的超声提取效果(mg/kg)

PAEs	温度			
	25℃	30℃	40℃	50℃
DBP	1.02	1.15	1.21	1.32
DEHP	0.25	0.31	0.43	0.49

(4)提取时间与次数的选择

为确定合适的超声提取时间及提取次数,进行以下试验。称样 0.5g,加入 10mL 正己烷,在 50℃下超声提取 30min,离心分离后取出上层清液;重复上述提取过程四次,分别获得上层清液。对四份溶液分别进样 GC-MS/MS 发现,第一次提取液中 PAEs 量最高,第二次提取液中 PAEs 量明显下降,第三、四次提取液中 PAEs 量与空白溶液接近,见表 2-14。因此,本方法选择提取时间 30min,提取两次。

表 2-14 超声提取次数的效果(mg/kg)

PAEs	提取次数			
	第一次提取液	第二次提取液	第三次提取液	第四次提取液
DBP	1.25	0.19	未检出	未检出
DEHP	0.58	0.11	未检出	未检出

(5)氮吹条件的选择

本方法选择以温和的氮气流吹扫,并以 40℃温度加热氮吹管,进行 8 种增塑剂的加标溶液浓缩。分别考察了三种方式下的回收率:①将溶液完全吹干后,以正己烷定容至 1.0mL 进样;②将溶液吹至近干,以正己烷定容至 1.0mL 进样;③将溶液吹扫浓缩至 1mL 左右,以正己烷定容至 1.0mL 进样。结果表明,除 DMP 与 DEP 外,其他增塑剂的回收率无明显差别。但是,DMP与DEP的回收率随着氮吹程度,明显下降,剩余溶液越少,回收率越低,见表2-15。这可能是DMP与DEP较容易挥发,尤其是当溶剂被完全吹干时,氮吹更会引起其大量挥发导致的;而当其处于溶液当中时,挥发损失很少。因此,选择吹至1mL左右时,使用正己烷定容至1.0mL。

表 2-15　氮吹程度对回收率的效果(%)

PAEs	回收率		
	完全吹干	吹至近干	吹至近1mL
DMP	31.4	55.2	95.5
DEP	27.6	50.9	97.3

对于实际肥料提取液,在其浓缩过程中可能会有固体析出的情况。因为随着溶剂体积的减少,肥料中与目标物一起被提取出的杂质会析出,这样明显的固体会导致定容体积不准。因此,当浓缩至1mL左右时,若无固体析出,则直接定容至1.0mL;当有固体析出时,则将清液取至另一玻璃管中,以正己烷淋洗固体并合并溶液,然后再氮吹并定容至1.0mL后进样。

(6)固相萃取方法

当样品中有对目标物产生干扰的杂质峰时,需要对样品溶液进行固相萃取处理。参考相关文献《固相萃取技术与应用手册》(迪马公司),确定了增塑剂的净化方法,根据上述方法进行试验,发现增塑剂的回收率在均在90%以上。具体方法如下:

①活化

使用PSA固相萃取小柱(SPE);填料质量为500mg,柱管体积为6mL,或相当者。使用前依次加入5mL二氯甲烷、5mL正己烷活化。

②上样及淋洗

取所得待净化液加载到固相萃取柱中,流速控制在1mL/min内。待上样结束,依次加入5mL正己烷、5mL的4%(质量浓度)丙酮-正己烷溶液淋洗盛装待净化液的玻璃试管,再分别倒入固相萃取柱进行洗脱,收集流出液,在40℃温度下,用缓慢氮气流吹至约1mL,使用正己烷定容至1.0mL后以GC-MS测定。若溶液浓度超出线性范围,可适当稀释后再测定。

二、仪器条件的选择

(一)气相色谱条件的选择

1.色谱柱、进样口温度、程序升温

参考现有文献及标准常规条件,色谱柱选用HP-5ms,30m×0.25mm(内径)×0.25μm,或相当者;柱温程序选用"初始温度为40℃,保持2min,然后以15℃/min的速率升至325℃,保持10min";进样口温度选用250℃。

2.进样方式

除上述气相条件外,本方法对进样方式进行了一定的优化,旨在进一步提高增塑剂在GCMS上的灵敏度,特别是DINP及DIDP两个五指峰。由于DIDP与DINP为两个交叉的五指峰,峰形较宽,而且由于沸点相对其他邻-苯二甲酸酯要高,出峰晚,扩散较为严重,其灵敏度降低。本法比较了同等浓度的邻-苯二甲酸酯溶液在常压不分流进样和脉冲不分流进样条件下的响应值,结果表明,脉冲不分流进样会明显提高其灵敏度,峰形也更窄,见图2-10。这是因为通过脉冲进样,增加了样品的进样速度,从而降低了样品特别是高沸点样品的谱带扩散效应。

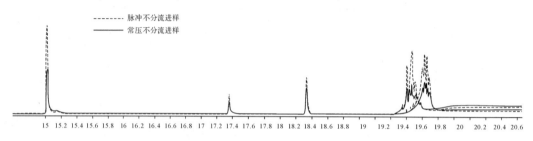

图2-10 常压不分流进样与脉冲不分流进样的比较

(二)质谱条件的选择

1.常规条件

根据文献及标准,确定以下常规条件:色谱-质谱接口温度:280℃;四级杆温度:150℃;载气:氦气,纯度≥99.999%;电离方式:电子轰击电离(EI);电离能量:70eV;质量扫描范围:50~450amu;溶剂延迟:4min。

2.离子源温度的选择

除上述气相条件外,本方法对离子源温度进行了进一步优化。根据相关文献,离子源对优化化合物,特别是高沸点化合物及峰扩散性化合物的峰形及灵敏度有所帮助,因此本方法对离子源温度进行了一定的优化。本方法考察了230℃、250℃、280℃三种离子源温度对8种增塑剂的色谱峰的影响,结果发现温度越高,对增塑剂特别是DIDP与DINP,使之峰宽变窄、峰高变高,能提高灵敏度,见图2-11。这可能是因为离子源温度的提高有利于提高离子化效率及离子化速度导致的。因此,本方法中选择离子源温度为280℃。

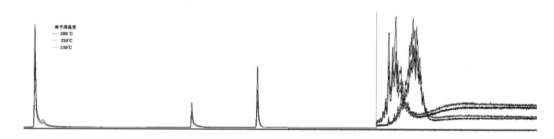

图2-11 不同离子源温度下对增塑剂峰的影响

3.监测模式(SIM)的离子选择

根据文献以及标准样品全扫描获得质谱图,获得上述8种增塑剂质谱特征离子及定量离子,见表2-16。

表 2-16　8 种邻-苯二甲酸酯类化合物的定量及特征离子选择表

化学名称	缩写	分子式	特征离子及其丰度比(K)	定量离子
邻-苯二甲酸二甲酯	DMP	$C_{10}H_{10}O_4$	163∶77∶135=100∶18∶7	163
邻-苯二甲酸二乙酯	DEP	$C_{12}H_{14}O_4$	149∶177∶121=100∶28∶6	149
邻-苯二甲酸二丁酯	DBP	$C_{16}H_{22}O_4$	149∶223∶205=100∶5∶4	149
邻-苯二甲酸丁基苄酯	BBP	$C_{19}H_{20}O_4$	149∶206∶238=100∶23∶3	149
邻-苯二甲酸二(2-乙基)己基酯	DEHP	$C_{24}H_{38}O_4$	149∶167∶279=100∶29∶10	149
邻-苯二甲酸二正辛酯	DNOP	$C_{24}H_{38}O_4$	149∶279∶261=100∶7∶1	279
邻-苯二甲酸二异壬酯	DINP	$C_{26}H_{42}O_4$	149∶293∶167=100∶9∶6	293
邻-苯二甲酸二异癸酯	DIDP	$C_{28}H_{46}O_4$	149∶307∶150=100∶16∶10	307

以下为邻-苯二甲酸酯类化合物(8 种)标准物 GC-MS 总离子流色谱图及 DNOP、DINP、DIDP 提取离子色谱图,见图 2-12～图 2-15。

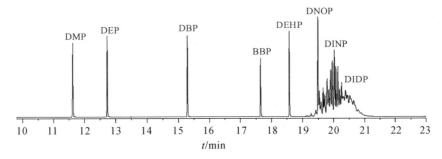

图 2-12　邻-苯二甲酸酯类化合物(8 种)标准物 GC-MS 总离子流色谱图

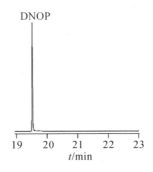

图 2-13　DNOP 标准物 GC-MS 选择离子(m/z=279)色谱图

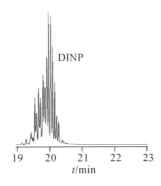

图 2-14　DINP 标准物 GC-MS 选择离子(m/z=293)色谱图

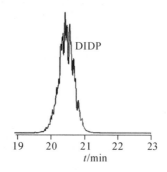

图 2-15　DIDP 标准物 GC-MS 选择离子(m/z＝307)色谱图

(三)方法线性范围

1. 标准溶液的配置、标准曲线绘制及线性范围

按照测定条件,分别将邻-苯二甲酸酯标准工作溶液依次注入气相色谱-质谱仪中,以标准工作溶液中各邻-苯二甲酸酯浓度为横坐标(单位为微克 μg/mL),以对应面积为纵坐标,绘制标准曲线,见图 2-16～图 2-23。

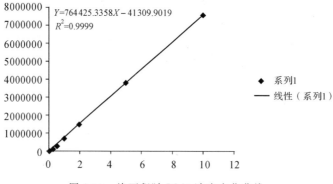

图 2-16　峰面积随 DMP 浓度变化曲线

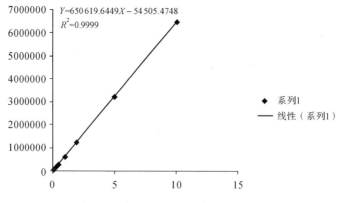

图 2-17　峰面积随 DEP 浓度变化曲线

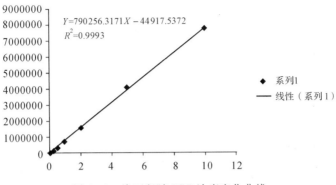

图 2-18　峰面积随 DBP 浓度变化曲线

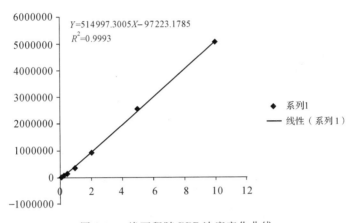

图 2-19　峰面积随 BBP 浓度变化曲线

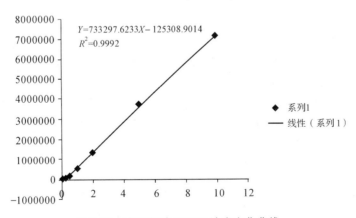

图 2-20　峰面积随 DEHP 浓度变化曲线

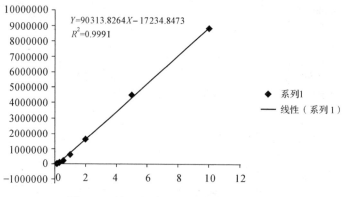

图 2-21　峰面积随 DNOP 浓度变化曲线

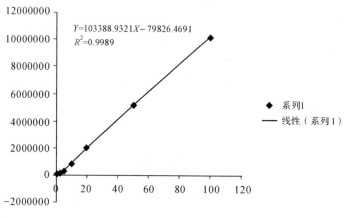

图 2-22　峰面积随 DINP 浓度变化曲线

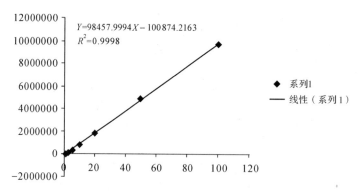

图 2-23　峰面积随 DIDP 浓度变化曲线

表 2-17　8 种塑化剂的回归方程及相关系数

物质名称	回归方程	相关系数 R^2	线性范围
DMP	$Y=764425.3358X-41309.9019$	0.9999	$0.1\sim10\mu g/mL$
DEP	$Y=650619.6649X-54505.4748$	0.9999	$0.1\sim10\mu g/mL$

物质名称	回归方程	相关系数 R^2	线性范围
DBP	$Y=790256.3171X-44917.5372$	0.9993	$0.1\sim10\mu g/mL$
BBP	$Y=514997.3005X-97223.1785$	0.9993	$0.1\sim10\mu g/mL$
DEHP	$Y=733297.6233X-125308.9014$	0.9992	$0.1\sim10\mu g/mL$
DNOP	$Y=90313.8264X-17234.8473$	0.9991	$0.1\sim10\mu g/mL$
DINP	$Y=103388.9321X-79826.4691$	0.9989	$0.5\sim50\mu g/mL$
DIDP	$Y=98457.9994X-100874.2163$	0.9998	$0.5\sim50\mu g/mL$

(四)方法验证

1. 验证过程

(1)内部验证试验:检出限和回收率.

(2)外部验证试验:①确定方法验证单位;②按照方法验证方案准备实验用品,并与验证单位确定验证时间;③在方法验证前,参加验证的操作人员应熟悉和掌握方法原理、操作步骤及流程;④方法验证过程中所用的试剂和材料、仪器和设备及分析步骤应符合方法相关要求。

2. 验证方案

组织 8 家有资质的实验室,进行方法验证,根据提供的检测方法规程,严格控制影响方法精密度和准确度的主要因素,平行独立试验,测定结果进行数理统计,并且根据验证数据计算方法精密度和准确度。在此基础上,对实际样品进行普查分析,检验方法实用性并提出实际测试范围的建议。

3. 检出限和回收率试验

(1)方法检出限

选择不含目标化合物为空白基质添加 DMP、DEP、DBP、BBP、DEHP、DNOP、DINP、DIDP,以信噪比(S/N)为 3 倍确定各目标化合物的检出限,DMP、DEP、DBP、BBP、DEHP、DNOP 方法检出限为 0.1mg/kg,DINP、DIDP 方法检出限为 0.5mg/kg;以检出限 3～5 倍确定各目标化合物的定量限,DMP、DEP、DBP、BBP、DEHP、DNOP 方法定量限为 0.3mg/kg,DINP、DIDP 方法定量限为 1.5mg/kg。

(2)回收率

选择肥料样品进行添加塑化剂实验室内回收率以及精密度试验,选择的添加量分别为 1.0mg/kg、5.0mg/kg、10.0mg/kg(DMP、DEP、DBP、BBP、DEHP、DNOP)、DINP 及 5.0mg/kg、25.0mg/kg、50.0mg/kg(DIDP),结果见表 2-18。

表 2-18　上海出入境检验检疫局工业品与原材料检测技术中心方法回收率及精密度

添加水平 (n＝6)	DMP (mg/kg)	DEP (mg/kg)	DBP (mg/kg)	BBP (mg/kg)	DEHP (mg/kg)	DNOP (mg/kg)	DINP (mg/kg)	DIDP (mg/kg)
添加量	1.0mg/kg							5.0mg/kg
实测平均值 (n＝6)	0.851	0.845	0.801	0.827	0.848	0.833	4.08	3.92
	0.847	0.881	0.836	0.863	0.879	0.801	4.32	3.99
	0.835	0.857	0.822	0.802	0.854	0.868	4.27	3.96
	0.867	0.889	0.858	0.801	0.822	0.859	3.88	3.69
	0.879	0.843	0.862	0.826	0.889	0.827	4.12	4.16
	0.803	0.898	0.815	0.854	0.871	0.793	4.31	3.75
平均回收率%	84.7	86.9	83.2	82.9	86.1	83.0	83.3	78.2
RSD%	3.1	2.7	2.9	3.1	2.8	3.6	4.1	4.4
添加量	5.0mg/kg							25.0mg/kg
实测平均值 (n＝6)	4.56	4.68	4.73	4.85	4.68	4.63	22.12	22.45
	4.59	4.69	4.79	4.81	4.62	4.55	21.06	22.59
	4.44	4.55	4.58	4.71	4.47	4.82	22.98	21.88
	4.69	4.73	4.59	4.65	4.53	4.69	21.08	20.87
	4.41	4.49	4.87	4.96	4.79	4.48	22.18	22.96
	4.35	4.71	4.77	4.78	4.72	4.44	22.24	22.52
平均回收率%	90.1	92.8	94.4	95.9	92.7	92.0	87.8	88.8
RSD%	2.8	2.1	2.4	2.3	2.6	3.1	3.4	3.3
添加量	10.0mg/kg							50.0mg/kg
实测平均值 (n＝6)	9.96	10.25	9.88	10.46	9.89	9.77	46.83	48.74
	9.87	10.11	9.89	10.52	9.81	9.44	47.65	47.94
	9.68	10.02	9.62	10.45	9.47	9.98	48.98	48.96
	10.29	10.34	9.78	10.55	9.62	9.39	45.21	45.82
	10.19	10.43	10.05	10.12	10.08	9.71	45.32	47.96
	9.88	10.51	9.61	10.01	9.88	9.95	46.97	49.88
平均回收率%	99.8	102.8	98.1	103.5	97.9	97.1	93.7	96.4
RSD%	2.3	1.8	1.7	2.2	2.2	2.6	3.1	2.9

4. 外部验证试验及精密度计算

邀请 8 家实验室进行了验证实验并计算精密度(重现性和再现性),此外另由上海农科院进行审核验证,比对分析结果误差完全满足国标要求。8 家实验室分别是:上海出入境检验检疫局原材料中心、南通出入境检验检疫局技术中心、台州出入境检验检疫局综合技术服务中心、福建出入境检验检疫局综合技术服务中心、重庆出入境检验检疫局检测技术中心、上海测试分析中心、黑龙江省质检院、华东师范大学化学系。所有验证实验室数据汇总后，经过数据统计处理及精密度 R，r 计算，结果见表 2-19。

表 2-19　8 种增塑剂的重复性和再现性方程

化合物名称	含量水平(mg/kg)	重复性限(r)	再现性限(R)
DMP	1.0～10.0	$r=0.0617m+0.0004$	$R=0.0676m+0.0106$
DEP	1.0～10.0	$r=0.0663m-0.0035$	$R=0.0748m-0.0214$
DBP	1.0～10.0	$r=0.0399m+0.0279$	$R=0.0608m+0.0359$
BBP	1.0～10.0	$r=0.0619m+0.006$	$R=0.0829m-0.0183$
DEHP	1.0～10.0	$r=0.055m+0.0062$	$R=0.0848m+0.0129$
DNOP	1.0～10.0	$r=0.0632m+0.0014$	$R=0.0711m+0.035$
DINP	5.0～50.0	$r=0.0784m+0.0906$	$R=0.0918m+0.1734$
DIDP	5.0～50.0	$r=0.0729m+0.0773$	$R=0.0841m+0.0292$

(五)实际样品的测定

本实验室对市场购买的十几个肥料样品中 PAEs 进行检测，绝大多数样品均被检出含 PAEs，其中 DEHP 与 DBP 的检出率最高，含量在 0.20～27.95mg/kg，另外有少数样品被检出含有 DINP 等 PAEs。可见肥料样品含有增塑剂的实际现状不容忽视。样品测定结果见表 2-20。

表 2-20　14 种肥料样品增塑剂含量测定结果

样品类别	DMP (mg/kg)	DEP (mg/kg)	DBP (mg/kg)	BBP (mg/kg)	DEHP (mg/kg)	DNOP (mg/kg)	DINP (mg/kg)	DIDP (mg/kg)
1#	未检出	未检出	<0.3	未检出	27.95	未检出	28.06	未检出
2#	未检出	未检出	<0.3	未检出	0.52	未检出	未检出	未检出
3#	未检出	未检出	未检出	未检出	0.47	未检出	未检出	未检出
4#	未检出	未检出	<0.3	未检出	1.20	未检出	未检出	未检出
5#	未检出	未检出	0.39	未检出	1.18	未检出	未检出	未检出
6#	未检出	未检出	<0.3	未检出	0.44	未检出	未检出	未检出
7#	未检出	未检出	2.90	未检出	0.79	未检出	未检出	未检出
8#	未检出	未检出	0.61	未检出	0.50	未检出	未检出	未检出
9#	未检出	未检出	0.57	未检出	1.52	未检出	未检出	未检出
10#	未检出	未检出	0.66	未检出	0.46	未检出	未检出	未检出
11#	未检出	未检出	0.44	未检出	1.57	未检出	未检出	未检出
12#	未检出	未检出	0.69	未检出	0.49	未检出	未检出	未检出
13#	未检出	未检出	0.41	未检出	1.07	未检出	未检出	未检出
14#	未检出	未检出	未检出	未检出	0.40	未检出	未检出	未检出

(六)结论

通过对仪器和前处理方法的优化,采用外标方法定量,可以获得较好的检出限、稳定的回收率,方法准确可靠。肥料普查发现,在部分市售肥料中查出邻-苯二甲酸酯的存在。因此,加强肥料中邻-苯二甲酸酯的检测,具有重要的现实意义。

第三节　肥料中四环素类抗生素的高效液相检测方法

目前针对四环素类抗生素检测的研究多集中在水体和食物上,肥料中的检测相对较少。然而粪肥是农田系统四环素类抗生素的主要来源。液相—质谱联用虽然能得到较高的灵敏度,但面对肥料等复杂样品时存在一定的应用限制。本节采用高效液相色谱—紫外分光法检测有机肥中的四种四环素类抗生素,具有快速、准确等优点,能够满足测定要求。在前处理方法的优化试验中,本论文先采用单因素试验法探究超声时间、超声温度、提取次数、提取液体积以及提取液 pH 对回收率的影响,选择有显著影响的因素进行响应面优化,以得到最佳的提取方案。

一、前处理方法

1. 仪器与试剂

PE200 高效液相色谱仪,Perkin Elmer 公司;

Branson B5500S-DTH 超声仪,必能信超声(上海)有限公司;

FG2 便携式 pH 计,梅特勒—托利多仪器(上海)有限公司;

Thermo Scientific SL 16 离心机,赛默飞世尔科技有限公司。

土霉素(OTC)、四环素(TC)、金霉素(CTC)、强力霉素(DC)标准品:纯度 92%～98%,由 Dr. Ehrenstorfer(德国)公司提供;乙腈、甲醇为色谱纯,柠檬酸、磷酸氢二钠、乙二胺四乙酸二钠、氢氧化钠、草酸为化学纯,由上海国药集团提供。

2. 前处理步骤

(1)抗生素标准溶液的配制:准确称取一定量的土霉素、四环素、金霉素、强力霉素标准品,分别用甲醇配成 2mg/mL 的标准储备液,于-20℃保存。将四种抗生素的标准储备液等体积混合,配成 500μg/mL 的工作液,于 4℃保存。

(2)提取液的配制:将 0.4mol/L 磷酸氢二钠溶液与 0.2mol/L 柠檬酸溶液按 3:2 的体积比混合制成磷酸氢二钠-柠檬酸(McIlvaine)缓冲液(pH=6.8±0.05)。将 McIlvaine 缓冲液、0.1mol/L 乙二胺四乙酸二钠溶液以及甲醇按 1:1:2(v/v/v)比例混匀,用 NaOH 或 H_3PO_4 调节 pH。

(3)试样的制备与保存:有机肥风干粉碎,过 0.5mm 筛,在常温下避光保存。

(4)超声波萃取:准确称取 1.0g 有机肥置于 50mL 带盖塑料离心管中,加入一定量的 Na_2EDTA-McIlvaine 甲醇提取液,混匀后超声,3600rpm 下离心 2min。将上清液移至另一离心管中,残渣进行重复提取。最后一次提取结束后合并全部提取液,于 3600r/min 下离心 5min,取上清液过 0.22μm 水相滤膜待测。

二、高效液相色谱的条件选择

(1)色谱柱:SPP C_{18},2.7 μm,4.6mm$\times$100mm;

(2)流动相及梯度洗脱条件见表2-21;

表 2-21　流动相及梯度洗脱程序

时间(min)	乙腈(%)	0.01mol/L 草酸(%)	甲醇(%)
0～5	8	84	8
5～6	8→15	84→70	8→15
6～12	15	70	15
12～13	15→8	70→84	15→8
13～20	8	84	8

(3)流速:1.0mL/min;

(4)柱温:30℃;

(5)检测波长:355nm;

(6)进样量:20 μL。

三、条件优化

(一)单因素试验

据报道,Na$_2$EDTA-McIlvaine-甲醇(1:1:2,v/v/v)混合液常用于提取土壤和粪肥样品的中 TCs。其中,EDTA 可以抑制样品中金属离子与 TCs 的螯合,提高提取效率;McIlvaine 缓冲液提供一个比较稳定的 pH 环境;甲醇有利于 TCs 在提取液中的溶解。确定了提取液组分后,本文针对超声时间(10,20,30,40 和 50min),提取次数(1～5 次),提取液总体积(20,30,40,50 和 60mL),提取液 pH(4,5,6,7 和 8),以及超声温度(20,30,40,50 和 60℃)进行了单因素试验。每组试验的提取样品加标后放置过夜,每个处理重复三次。使用 Statistical Analysis System 9.3.1 分析数据,当 P 值小于 0.05 时则认为处理间有显著差异。

(二)响应面试验

根据单因素试验的分析结果,选取 pH(X_1)、提取液总体积(X_2)和超声温度(X_3)作为优化因素,采用 BBD(Box-Behnken)试验设计法安排优化试验,建立以回收率为因变量,pH、提取液总体积和超声温度为自变量的二次回归模型。二次回归模型是响应面优化试验中常用的经验模型,公式见下:

$$Y = A_0 + \sum_{i=1}^{n} A_i X_i + \sum_{i=1}^{n} A_{ii} X_j^2 \sum_{i,j=1(i=j)}^{n} A_{ij} \tag{2-1}$$

其中,Y 为模型预测的响应值,A_i、A_{ii} 和 A_{ij} 分别代表线性、二次项和互作效应的系数,X_i 和 X_j 是独立变量。应用 Design Expert 8.0.5 进行统计回归分析和绘图,当 P 值小于 0.05 时则认为模型显著。试验因素水平见表2-22。

表 2-22 响应面试验因素水平及编码

X_i 因素水平编码	试验因子		
	提取液 pH X_1	提取液总体积 X_2/mL	超声温度 X_3/℃
−1	6	30	20
0	7	40	30
+1	8	50	40

四、结果与讨论

（一）高效液相色谱的检测条件

（1）检测波长的选择：四环素类抗生素在 270nm 和 355nm 附近均有强烈的紫外吸收。因此选用这两种波长进行比较实验，结果见图 2-24。

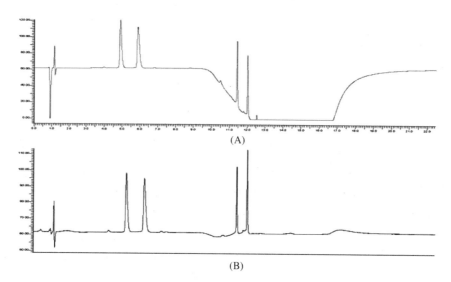

图 2-24 不同波长下抗生素的色谱图

(A)270nm；(B)355nm

由图 2-24 可知，波长为 355nm 时抗生素峰形较好，270nm 的色谱峰虽然响应值稍高，但基线稳定性太差。因此，把 355nm 作为 TCs 的检测波长。

（2）色谱柱的选择：选用了四种色谱柱进行抗生素分离效果的比较，分别为 PerkinElmer Spheri-5 RP C_{18} 5μm 4.6mm×250mm，PerkinElmer SPP C_{18} 2.7μm 4.6mm×100mm，Pinnacle ODS 5μm 4.6mm×250mm 和 Agilent Athena C_{18} 5μm 4.6mm×250mm。结果表明，在相同的色谱条件下，Spheri-5 RP C_{18} 和 Pinnacle ODS 只出现两个色谱峰，而色谱柱 SPP C_{18} 与 Athena C_{18} 可以实现四种抗生素的分离，而且前者的基线更稳定，峰形更加对称。因此，选用色谱柱 SPP C_{18} 2.7μm 4.6mm×100mm。

（3）流动相的选择：甲醇、乙腈是反向色谱法中常见的流动相组分。TCs 分子由于存在多个电离基团，容易吸附在反相柱未键合的硅烷醇基上，或者与金属离子形成螯合物，造成色谱峰拖尾。Zhou(2009)等的研究表明,向有机流动相中添加适当的 0.01mol/L 草酸水溶液,可以有效减少吸附或螯合作用的发生,避免形成拖尾峰。

(4)柱温的选择:测定了色谱柱 SPP C_{18} 在 25～40℃的分离效能,发现柱温对四种抗生素的分离并无明显影响。由于 40℃以上四环素类抗生素容易受热分解,而柱温低易受环境温度影响,不够稳定。综合考虑,选择 30℃为合适的柱温,此时分离度符合要求,柱压合适。

(5)流速的选择:选择了 0.5、0.8、1.0、1.2mL/min 四种流速进行比较。流速太慢,会导致保留时间太长,甚至无法实现分离;流速较快会将保留时间较短的物质一起洗入,造成干扰。综合考虑,选择流速 1.0mL/min 是合适的。

(6)洗脱程序的确定:Vinas(2004)等的报道称更高的 pH 和有机相比例会降低 TCs 的保留因子,因此增加草酸在流动相中的比例可以减少抗生素的洗脱时间。实验中发现,在等度淋洗条件下,分离 OTC、TC 的最佳流动相配比与分离 CTC、DC 的最佳流动相配比存在较大差别,因此有必要采用梯度淋洗。综合考虑检测时长和分离效率等因素,本文最终确定了 2.1.4 中的梯度洗脱程序。最终的 TCs 分离谱图见图 2-25。

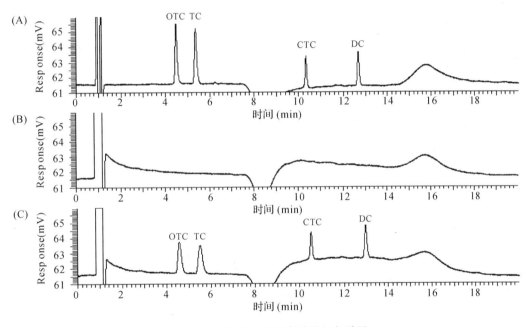

图 2-25　四种抗生素的高效液相色谱图

(二)前处理方法

1. 单因素试验

(1)超声时间:固定超声提取的其他条件,考察超声时间(10～50min)对有机肥中 TCs 提取效果的影响(图 2-26)。图中可见,随着超声时间的增加,除了 CTC,TCs 的回收率基本没有变化。CTC 的回收率随时间延长有降低的趋势,这可能是因为 CTC 的苯环比其他三种抗生素多了一个氯原子,更容易被超声过程中产生的 ·OH 等氧化剂攻击,导致分解。方差分析后发现不同时间处理的回收率并无显著差异,这与 Martinez-Carballo(2007)等的报道一致,说明从有机肥中提取 TCs 主要受分配系数而不是解吸动力学性质的影响。为了缩短前处理时间以及避免对 CTC 可能的降解影响,选择 10min 作为后续试验的提取时间。

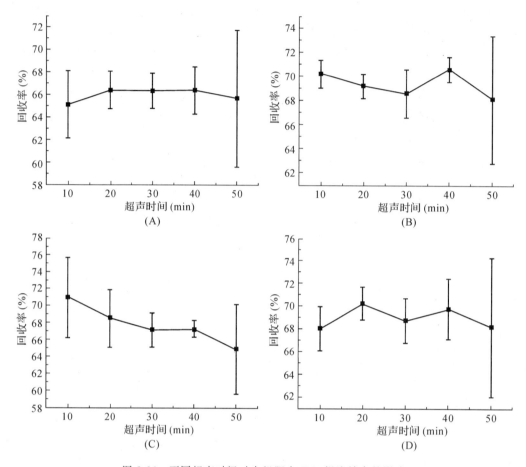

图 2-26　不同超声时间对有机肥中 TCs 提取效率的影响

(A)OTC;(B)TC;(C)CTC;(D)DC

(2)提取次数:固定提取液总体积和 pH,超声温度、时间等条件,考察提取次数(1~5次)对 TCs 回收率的影响(图 2-27)。增加提取次数,可以引入新鲜的溶剂并在样品和提取液中重新达到平衡,从而提高 TCs 在液相中的分配。然而前处理步骤的增加又会导致 TCs 的损耗。由于 3~5 次的处理间回收率并无显著差异,选择 3 次作为后续试验的提取次数。

(3)提取液体积:保持其他条件一致,考察总提取液体积(20~60mL)对有机肥中 TCs 回收率的影响(图 2-28)。随着提取液体积增加,四种抗生素的回收率也显著增加。当提取液体积为 40mL 时,OTC 和 DC 有最高的回收率;当体积为 60mL 时,TC 和 CTC 的回收率达到最大。但 40mL、50mL 和 60mL 的处理之间回收率并无显著差异。因此,选择 30~50mL 作为后续响应面试验的优化范围。

(4)提取液 pH:与研究提取液体积的单因素试验结果类似,在保持其他提取条件不变的前提下,回收率也随提取液 pH 增加而提高(图 2-29)。TCs 在提取液 pH 为 5 时有最低值,在 pH 为 7 时达到最大而后下降。尽管 pH 为 4 的 ECTA-McIlvaine 缓冲液常用于从食品中提取 TCs,但也有研究报道称,将提取液 pH 调至 7 可有效提高土壤中 TCs 的回收率,与本试验结果一致。由于提取液 pH 对回收率有显著影响,故后续试验将针对 6~8 的 pH 范围进行优化。

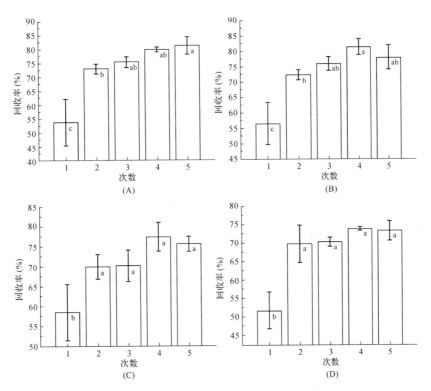

图 2-27　不同提取次数对有机肥中 TCs 提取效率的影响

(A)OTC；(B)TC；(C)CTC；(D)DC

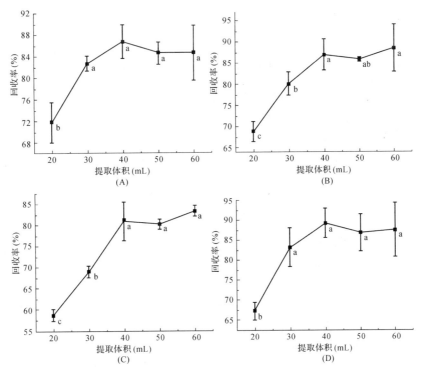

图 2-28　不同提取液总体积对有机肥中 TCs 提取效率的影响

(A)OTC；(B)TC；(C)CTC；(D)DC

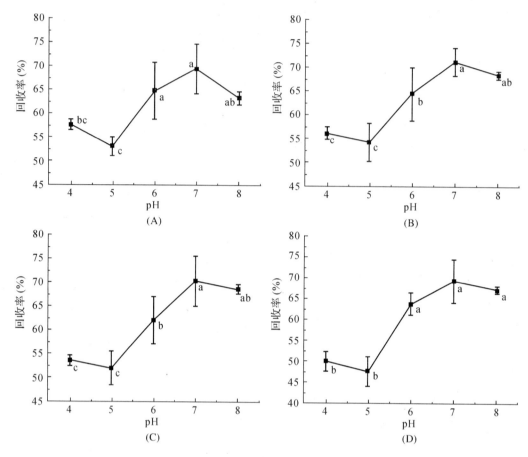

图 2-29　不同提取液 pH 对有机肥中 TCs 提取效率的影响

(A)OTC；(B)TC；(C)CTC；(D)DC

（5）超声温度：图 2-30 给出超声温度（20～60℃）对 TCs 回收率的影响。当温度从 20℃ 升高到 30℃，OTC、TC 和 CTC 的回收率从 60%～66% 提高到 70%～75%；温度升高到 40℃，回收率略有下降，然后随着温度升高有所增加。DC 回收率的变化趋势则是在 20～ 40℃ 范围内随温度升高而增加，50℃ 时略有降低，最后在 60℃ 时达到最大值。由于 TCs 回 收率在30～60℃内基本没有显著差异，选择 20～40℃ 进一步优化。

2．响应面优化试验

基于单因素试验的结果，有机肥中 TCs 的超声提取优化试验方案及结果见表 2-23，拟 合得到的二次回归模型公式如下，响应面模型方差分析结果是表 2-24。

$$Y = 80.96 - 1.40X_1 + 4.11X_2 + 3.87X_3 - 2.17X_1^2 - 1.67X_2^2 + 5.24X_3^2 +$$
$$0.55X_1X_2 - 1.31X_1X_3 - 0.0568 \tag{2-2}$$

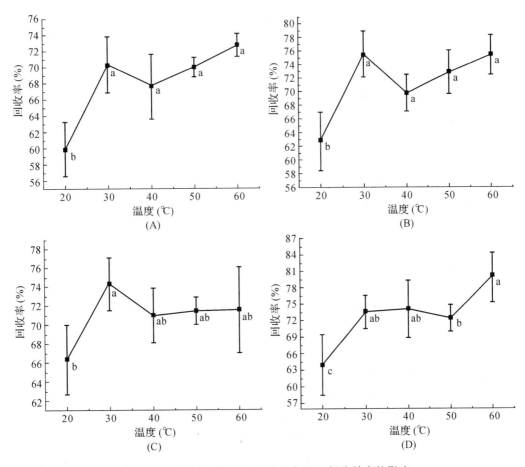

图 2-30 不同超声温度对有机肥中 TCs 提取效率的影响
(A)OTC；(B)TC；(C)CTC；(D)DC

表 2-23 BBD 试验设计及平均回收率结果

编号	X_1 pH	X_2 体积(mL)	X_3 温度(℃)	Y 回收率(%)
1	6(−1)	30(−1)	30(0)	72.20
2	8(+1)	30(−1)	30(0)	74.49
3	6(−1)	50(+1)	30(0)	78.65
4	8(+1)	50(+1)	30(0)	83.15
5	6(−1)	40(0)	20(−1)	77.22
6	8(+1)	40(0)	20(−1)	82.05
7	6(−1)	40(0)	40(+1)	88.63
8	8(+1)	40(0)	40(+1)	88.23
9	7(0)	30(−1)	20(−1)	76.69
10	7(0)	50(+1)	20(−1)	85.70

续表

编号	X_1 pH	X_2 体积(mL)	X_3 温度(℃)	Y 回收率(%)
11	7(0)	30(−1)	40(+1)	83.48
12	7(0)	50(+1)	40(+1)	92.26
13	7(0)	40(0)	30(0)	80.59
14	7(0)	40(0)	30(0)	81.70
15	7(0)	40(0)	30(0)	80.58

由表 2-24 中的方差分析可知,回归方程的失拟并不显著,因此选取的二次回归模型是适当的;由显著性检验可知回归方程极显著,同样说明该数学模型是可行的。同时,R^2 和 Adj R^2 分别为 0.9889 和 0.9691,图 2-31(A)中数据点基本分散在拟合直线附近,说明实际值与理论值吻合较好,该模型具有较高的预测价值。图 2-31(B)表明残差基本在[−2,2]区间内,且残差随理论值增大而变化的趋势并不明显。回归分析的结果显示提取液 pH(X_1)、提取液体积(X_2)和超声温度(X_3)均为极显著,提取液 pH(X_1)和超声温度(X_3)的交互作用对回收率具有显著影响,提取液 pH 与超声温度的交互作用具有显著影响,而提取体积与超声温度的交互作用不具有显著影响。

为更直观地反映各变量对响应值的影响,结合回归方程做出响应面图(图 2-32),展示固定某一变量的水平为编码值 0 时,其余两个变量对提取回收率的影响。由图 2-32(A)可以看出,当提取液体积不变时,回收率随提取液 pH 增大而增加,然后随 pH 增大而减小,在 pH 为 7.4 左右达到顶峰。提取体积对回收率具有促进作用,表现为体积增大,提取效率相应提高。图 2-32(B)和(C)为超声温度分别与提取液 pH、提取液体积的响应曲面。

表 2-24 响应面模型方差分析表

来源	平方和	自由度	均方	F 值	$P_r > F$
回归	418.10	9	46.46	49.74	0.0002
X_1-pH	15.74	1	15.74	16.85	0.0093
X_2-提取体积(mL)	135.3	1	135.3	144.86	<0.0001
X_3-超声温度(℃)	119.66	1	119.66	128.11	<0.0001
$X_1 X_2$	1.22	1	1.22	1.31	0.3047
$X_1 X_3$	6.84	1	6.84	7.32	0.0425
$X_2 X_3$	0.013	1	0.013	0.014	0.9099
X_1^2	17.34	1	17.34	18.57	0.0077
X_2^2	10.26	1	10.26	10.99	0.0211
X_3^2	101.49	1	101.49	108.67	0.0001
残差	4.67	5	0.93		
失拟	3.84	3	1.28	3.09	0.2540
误差	0.83	2	0.41		
R^2	0.9889				
Adj R^2	0.9691				

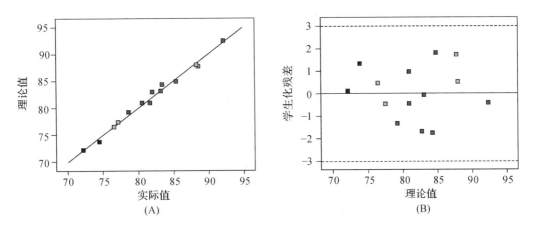

图 2-31 实际值与理论值

（A）实际值与理论值对比图；（B）理论值与学生压残差

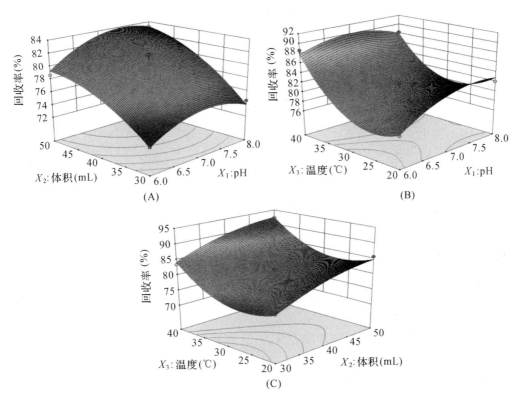

图 2-32 三因素响应曲面图

（A）提取液 pH 与提取体积（超声温度：30℃）；（B）提取液 pH 与超声温度（提取液体积：40mL）；（C）提取体积与超声温度（提取液 pH：7）

最后根据响应面优化分析，当超声温度为 40℃，提取液 pH 为 7.15，提取液总体积为 50mL 时，可得到最大的 TCs 回收率。其他的前处理条件包括：提取液成分为 McIlvaine 缓冲液、0.1mol/L 乙二胺四乙酸二钠溶液以及甲醇按 1∶1∶2（v/v/v）比例混匀，超声时间

10min，提取次数 3 次。

(三)方法回收率与精密度

准确称取 1.00g 有机肥，添加适量的抗生素工作液于样品中，使样品中的四种抗生素浓度达到 50mg/kg，于 4℃下静置过夜，待甲醇完全挥发后，按照前处理条件进行提取，根据 2.2.1 中的色谱条件进行检测，回归方程、检出限(Limit of Determination，LOD)、定量限(Limit of Quantitation，LOQ)、回收率和相对标准偏差见表 2-25。四种抗生素在 $0.1\sim20\mu g/mL$ 的范围内线性关系良好($R^2>0.993$)，回收率均在 80% 以上，相对标准偏差在 2.94%~4.06%。检出限和定量限分别为达到三倍和十倍信噪比的最低浓度，其中 OTC、TC 和 DC 三种抗生素的检出限和定量限相同，分别为 $0.03\mu g/mL$ 和 $0.1\mu g/mL$，CTC 的检出限和定量限分别为 $0.05\mu g/mL$ 和 $0.17\mu g/mL$。根据美国环保署(United States Environmental Protection Agency，US EPA)提供的方法，对空白有机肥样品进行加标回收，计算得到方法定量限(Method Quantification Limit，MQL)。OTC、TC、CTC 和 DC 的方法定量限分别为 1.75、1.95、2.32 和 2.15mg/kg。

表 2-25 有机肥中 TCs 超声提取回收率

抗生素	回归方程	R^2	LOD ($\mu g/mL$)	LOQ ($\mu g/mL$)	MQL ($\mu g/kg$)	回收率 (%)	RSD (%)
OTC	$Y=2.839\times10^5 X-2.749\times10^4$	0.997	0.03	0.10	1.75	92.42	2.94
TC	$Y=3.239\times10^5 X-2.834\times10^4$	0.997	0.03	0.10	1.95	87.85	3.88
CTC	$Y=1.673\times10^5 X-6.695\times10^3$	0.997	0.05	0.17	2.32	81.89	4.06
DC	$Y=2.371\times10^5 X-3.190\times10^4$	0.993	0.03	0.10	2.15	84.46	2.37

(四)小结

(1)高效液相色谱条件为：色谱柱 SPP C18 $2.7\mu m$ $4.6mm\times100mm$，柱温 30℃，波长 355nm，流速 1.0mL/min，流动相(乙腈：0.1mol/L 草酸：甲醇＝8：84：8，v/v/v)，采用梯度淋洗(表 2-1)。该方法下 OTC、TC、CTC 和 DC 四种抗生素在 $0.1\sim20\mu g/mL$ 的范围内线性关系良好，回归方程分别为 $Y=2.839\times10^5 X-2.749\times10^4$，$Y=3.239\times10^5 X-2.834\times10^4$，$Y=1.673\times10^5 X-6.695\times10^3$ 和 $Y=2.371\times10^5 X-3.190\times10^4$，检出限分别为 0.03、0.03、0.05 和 $0.03\mu g/mL$，定量限分别为 0.10、0.10、0.17 和 $0.10\mu g/mL$。

(2)有机肥中四种抗生素的前处理方法为：提取液成分为 McIlvaine 缓冲液、0.1mol/L 乙二胺四乙酸二钠溶液以及甲醇按 1：1：2(v/v/v)比例混匀，pH 调至 7.15，超声时间 10min，超声温度 40℃，提取次数 3 次，分别为 20、20 和 10mL。OTC、TC、CTC 和 DC 方法定量限分别为 1.75、1.95、2.32 和 2.15mg/kg。

第四节　多环芳烃(PAHs)检测方法研究

由于 16 种 PAHs 的极性各有不同，特别是菲和蒽，苯并[a]蒽和屈，苯并[b]荧蒽和苯并[k]荧蒽，其分子量相同，定量离子和定性离子也相同，故分离难度较大。另外，已有的研究表明,生物炭对 PAHs 等有机污染物具有强烈的吸附作用,加上肥料样品的复杂性,给生物炭基肥中 PAHs 的检测增添大量难度,需要对其前处理进行系统研究。

本节以美国 EPA 确定的 16 种优控污染物为对象,采用气相色谱-质谱(GC-MS)法,在单因素试验法考察提取溶剂、提取方法对生物炭及炭基肥中 PAHs 提取效率影响的基础上,运用响应面分析法(Response Surface Methodology,RSM),建立了生物炭基肥中 PAHs 提取优化模型,提出了生物炭基肥中 PAHs 较优化 GC-MS 检测方法,为研究生物炭基肥中 PAHs 迁移机制奠定了基础。

一、前处理方法

(一)材料与试剂

1. 试验材料

选取 5 种不同的动植物源农林废弃物作为生物炭的热解原料,分别为小麦秸秆、牛粪、草坪草、竹子、杉树枝。其中,竹子和杉树枝取自上海交通大学园林废弃物,小麦秸秆和牛粪取自河南省郑州市附近农场。草坪草由上海交通大学王兆龙老师提供。将上述农林废弃物去除石头、沙子等杂物后,风干,破碎至粒径 2mm。将粉碎物放入带盖不锈钢圆筒内,直至装满,旋紧盖子,然后,将其放入马弗炉内热解。热解温度分别设置为 300℃、400℃、500℃、600℃和 700℃,持续热解 4h 后,自然冷却至室温,然后,将制得的生物炭放入密封袋后,放入干燥器中备用。

将生物炭和生物有机肥料按照 1∶1 的比例进行充分混匀后,常温,避光保存。

2. 仪器和设备

气相色谱	Agilent 7890A	安捷伦(中国)有限公司
质谱	Agilent 5975C	安捷伦(中国)有限公司
加速溶剂萃取仪	Dionex　ASE 300	赛默飞世尔科技(中国)有限公司
超声仪	EDAA-2500TH	上海安谱科学仪器有限公司
离心机	AllegraX-22R	贝克曼库尔特商贸(中国)有限公司
氮吹仪	EFAA-DC12H	上海安谱科学仪器有限公司
分析天平	XS205DU	梅特勒-托利多(中国)有限公司
涡旋振动器	QL-901	海门市其林贝尔仪器制造有限公司
水纯化系统	Milli-Q Integral	美国 Millipore 公司
振荡器	SPH-2102C	上海世平实验设备有限公司

棕色离心管(具塞),上海安谱科学仪器有限公司;0.22μm 聚四氟乙烯滤膜,上海安谱科学仪器有限公司,硅胶固相萃取柱,上海安谱科学仪器有限公司;高纯氦气,纯度为 99.999% 以上;氮吹管(有刻度),上海安谱科学仪器有限公司。

3. 药品和试剂

16 种 PAHs 标准品(纯度≥99%)购于上海安谱科学仪器有限公司

正己烷	色谱纯	上海国药集团
二氯甲烷	色谱纯	上海国药集团

甲苯	色谱纯	上海国药集团
环己烷	色谱纯	上海国药集团
甲醇	色谱纯	上海国药集团
丙酮	色谱纯	上海国药集团

(二)样品的前处理方法

1. 超声萃取

精确称取 5g 样品,置于锥形瓶中,加入 PAHs 标准品,静止 12h 后,加入 100ml 萃取液。设置温度为 50℃,超声时间分别为 5min、15min、20min、30min 和 60min,外标法测定回收率。试验各处理重复 3 次。

2. 机械振荡

准确称取 5g 样品,置于锥形瓶中,加入 PAHs 标准品,静止 12h,加入 100ml 萃取液,测定回收率。试验各处理重复 3 次。

3. 加速溶剂萃取

准确称取 5g 样品和 10g 硅藻土置于 34ml 萃取池,加入 PAHs 标准品,充分混匀,静止 12h。配制提取溶剂,设置提取温度为 50℃,80℃,100℃,120℃,150℃;提取时间 5min,10min,15min,20min,25min 和提取次数 1 次,2 次,3 次,4 次,5 次。收集淋洗液,外标法测定回收率。试验各处理重复 3 次。

4. 净化与浓缩

量取 5ml 正己烷溶液活化硅胶固相萃取柱,并加入 1g 无水硫酸钠。待正己烷液面和无水硫酸钠表面持平时,加入前处理得到的样品溶液,分 2 次加入 8mL 二氯甲烷淋洗溶液,控制淋洗速度为 2mL/min,收集上样后流出的液体,至有刻度的氮吹管中,氮吹浓缩至 1mL,浓缩,定容,过 0.22μm 的聚四氟乙烯滤膜后,加入色谱进样瓶中,待测。

5. 响应面优化

综合提取过程中的提取时间、提取次数、提取温度、料液比等的单因子实验结果,利用最陡爬坡实验(Steepest ascent design)逼近最佳值区域,通过响应面分析法,拟合方程,建立最优模型,预测最优条件。

二、GC-MS 色谱分离条件

(一)气相色谱条件

选用 Agilent DB-5(30m×0.25mm×0.25μm)毛细管柱;恒流,载气为 He;不分流进样,开阀时间为 2min;升温程序为 100℃保持 1min,以 20℃/min 升至 150℃保持,再以 5℃升至 310℃,保持 5min;进样口温度为 300℃。

(二)质谱条件

四极杆温度 230℃,离子源 150℃;色谱-质谱接口温度 280℃,离子化方式 EI,电子能量 70eV;全扫描离子范围:$m/z=50\sim600$;离子检测方式为 Selected-Ion-Monitoring(SIM),定量离子和参考离子见表 2-26。使用外标法定量。

表 2-26　16 种 PAHs 的定量离子和参考离子

名称	英文名称	简写	定量离子	参考离子
萘	Naphthalene	NAP	128	127、129
苊烯	Acenaphthylene	ACY	152	151、153
苊	Acenaphthene	ANA	154	153、152
芴	Fluroene	FLU	166	165、167
菲	Phenanthrene	PHE	178	179、176
蒽	Anthracene	ANT	178	179、176
荧蒽	Fluoranthene	FLT	202	203、101
芘	Pyrene	PYR	202	203、101
苯并[a]蒽	Benz[a]anthrancene	BaA	228	226、229
屈（chrysene）	Chrysene	CHR	228	226、229
苯并[b]荧蒽	Benzo[b] fluoranthene	BbF	252	253、250
苯并[k]荧蒽	Benzo[k]fluoranthene	BkF	252	253、250
苯并[a]芘	Benzo[a] pyrene	BaP	252	253、250
茚并[1,2,3-cd]芘	Indeno[1,2,3-cd]perylene	IPY	276	138、227
二苯并[a,h]蒽	Dibenz[a,h]anthracene	DBA	278	139、279
苯并[g,h,i]芘	Benzo[g,h,i]perylene	BPE	276	138、277

三、回收率和检出限的测定

参考 EPA8000b 标准方法，回收率检测采用样品基质加标法。在样品中取出 10g 平均分成两份，在其中一份中加入浓度为 2mg/L 的 PAHs 标样，分别检测未加标样的样品以及加入标样后样品的 PAHs 含量，计算回收率。检出限测定是将浓度为 $100\mu g/L$ 的标样平行检测 10 次，取其结果标准偏差的 3 倍作为 MS 的检出限。

四、数据处理

所有数据均采用 SPSS 19.0 分析处理，Microsoft Excel 和 Origin 9.0 作图，响应面部分采用 Design-expert 8 设计实验和做图。

五、结果与分析

（一）PAHs 的分离及其标准曲线的建立

按照 2.3.1 中所列色谱和质谱条件，用 SCAN 模式对 16 种 PAHs 进行扫描，测得其总离子流图（TIC）（图 2-33）。由图 2-33 可见，16 种 PAHs 逐一分离，且峰型尖锐，说明其分离效果较好。16 种 PAHs 出峰顺序依次为萘（Naphthalene），苊烯（Acenaphthylene），苊（Acenaphthene），芴（Fluorene），菲（Phenanthrene），蒽（Anthracene），荧蒽（Fluoranthene），

芘(Pyrene),苯并[a]蒽(Benz[a]anthracene),屈(Chrysene),苯并[b]荧蒽(Benzo[b]fluoranthene),苯并[k]荧蒽(Benzo[k]fluoranthene),苯并[a]芘(Benzo[a]pyrene),二苯并[a,h]蒽(Dibenz[a,h]anthracene),苯并[g,h,i]芘(Benzo[ghi]perylene),茚并[1,2,3-cd]芘(Indeno[1,2,3-cd]pyrene)。

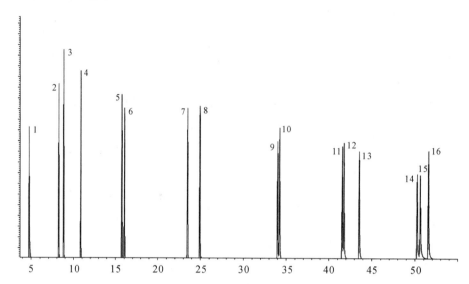

注:1. 萘(Naphthalene),2. 苊烯(Acenaphthylene),3. 苊(Acenaphthene),4. 芴(Fluorene),5. 菲(Phenanthrene),6. 蒽(Anthracene),7. 荧蒽(Fluoranthene),8. 芘(Pyrene),9. 苯并[a]蒽(Benz[a]anthracene),10. 屈(Chrysene),11. 苯并[b]荧蒽(Benzo[b]fluoranthene),12. 苯并[k]荧蒽(Benzo[k]fluoranthene),13. 苯并[a]芘(Benzo[a]pyrene),14. 二苯并[a,h]蒽(Dibenz[a,h]anthracene),15. 苯并[g,h,i]芘(Benzo[g,h,i]perylene),16. 茚并[1,2,3-cd]芘(Indeno[1,2,3-cd]pyrene)。

图 2-33　16 种 PAHs 的总离子流色谱图

选取浓度为 0.01mg/L,0.05mg/L,0.1mg/L,1mg/L,5mg/L 和 10mg/L 的 16 种混合 PAHs 标准品,按 2.3.1,进行 GC-MS 检测,根据各 PAHs 的保留时间和质谱图确定各待测化合物,再选择离子检测方式(SIM)中的采集时间和监测离子,以峰面积定量,进行线性回归,建立 16 种 PAHs 标准曲线,结果见表 2-27。表中可见,16 种 PAHs 在 0.01~10mg/L 浓度范围内相关系数 $R^2 \geqslant 0.996$,可知该方法具有很好的线性范围和相关系数,可以满足 PAHs 定量分析的需要。

表 2-27　PAHs 的标准曲线

编号	环数	名称	标准曲线	R^2
1	2	萘	$Y=2.711\times10^5 X+1.074\times10^4$	0.997415
2	3	苊烯	$Y=2.961\times10^5 X-1.516\times10^4$	0.997164
3	3	苊	$Y=1.907\times10^5 X+2.718\times10^4$	0.996431
4	3	芴	$Y=2.172\times10^5 X-1.187\times10^3$	0.997101
5	3	菲	$Y=6.431\times10^5 X-8.493\times10^4$	0.997511
6	3	蒽	$Y=6.440\times10^5 X-8.419\times10^4$	0.997526

编号	环数	名称	标准曲线	R^2
7	4	荧蒽	$Y=3.753\times10^5X-7.355\times10^4$	0.997660
8	4	芘	$Y=3.860\times10^5X-5.867\times10^4$	0.997623
9	4	苯并[a]蒽	$Y=7.093\times10^5X-2.836\times10^5$	0.997691
10	4	屈(chrysene)	$Y=7.121\times10^5X-2.797\times10^5$	0.997715
11	5	苯并[b]荧蒽	$Y=7.907\times10^5X-3.485\times10^5$	0.997673
12	5	苯并[k]荧蒽	$Y=7.948\times10^5X-3.416\times10^5$	0.997713
13	5	苯并[a]芘	$Y=3.778\times10^5X-2.005\times10^5$	0.997625
14	5	二苯并[a,h]蒽	$Y=4.590\times10^5X-3.268\times10^5$	0.996690
15	6	苯并[g,h,i]菲	$Y=3.758\times10^5X-2.619\times10^5$	0.996902
16	6	茚并[1,2,3-cd]芘	$Y=3.951\times10^5X-1.514\times10^5$	0.997900

(二)溶剂对炭基肥中 PAHs 提取效率的影响

生物炭对 PAHs 具有较强的吸附性,因此,提取溶剂是影响生物炭中 PAHs 提取效率的一个重要的因素。表 2-28 为 12 种常用 PAHs 提取溶剂对生物炭基肥中 PAHs 的相对回收率,这些提取溶剂包括甲醇:正己烷=6∶1;二氯甲烷;丙酮:正己烷=1∶1;二氯甲烷:丙酮=1∶1;甲醇:环己烷=1∶6;丙酮:环己烷=1∶1;正己烷;正己烷:丙酮:甲苯=10∶5∶1;甲苯,甲醇:甲苯=6∶1;环己烷,甲醇:二氯甲烷=1∶6,主要包括芳香烃及其混合溶剂两大类。选择芳香烃类溶剂是因为这类溶剂的结构和 PAHs 结构类似,可以竞争性地强占吸附位点,直接取代 PAHs 的吸附位点,即所谓的相似相溶。选择混合溶剂则是因为单一溶剂很难同时高效提取生物炭中的 16 种 PAHs。所选的 12 种提取溶剂中,二氯甲烷、正己烷和甲苯经常用于提取木炭等多种基质中的 PAHs。甲苯及其与甲醇混合溶剂、丙酮和正己烷的混合溶剂、丙酮和环己烷的混合试剂在提取黑碳(charcoal)、煤烟(soot)和生物炭 PAHs 中均有报道。

以提取效率最高的溶剂作为参照物,计算其他溶剂的相对回收率,结果列于表 2-28,表中可见,不同提取剂对 PAHs 的相对回收率差异较大。丙酮:环己烷=1∶1 的相对回收率最高。值得注意的是以甲醇:正己烷(6/1)、二氯甲烷、二氯甲烷:丙酮(1/1),正己烷和环己烷作物提取溶剂,荧蒽的相对回收率较低,分别为 14%,11%,11%,18% 和 13%,其结果与 Hibler 等的研究类似。这可能是由于超声时间较短,提取溶剂还未能完全取代 PAHs 的吸附位点,从而造成了相对回收率较低。考虑到甲苯和二氯甲烷的毒性较大,选择毒性较小的丙酮:环己烷(1∶1)作为后续研究的提取溶剂。

表 2-28　溶剂对生物炭基肥中 PAHs 提取相对回收率的影响

	MeOH/Hex	DCM	Ac/Hex	DCM/Ac	MeOH/Chex	Ac/Chex	Hex	Hex/Ac/Tol	Tol	MeOH/Tol	Chex	MeOH/DCM
NAP	63±4	100±5	80±4	91±4	63±4	77±3	45±3	85±4	92±5	87±4	29±2	69±4
ACY	75±5	98±5	81±5	94±5	74±5	100±6	82±5	83±4	84±4	81±3	80±4	85±5
ANA	72±4	100±6	81±4	89±4	81±5	91±5	67±3	78±3	80±3	80±3	62±3	95±6
FLU	43±2	100±5	69±3	79±3	77±4	95±5	41±2	67±3	68±2	62±2	35±2	91±4
PHE	30±2	94±4	100±6	96±6	70±4	76±4	35±2	40±2	32±1	79±3	81±4	43±2
ANT	25±1	100±6	24±1	98±5	27±1	36±2	27±1	29±2	30±1	26±1	24±1	29±1
FLT	14±1	11±1	34±2	11±1	67±3	68±3	18±1	59±4	55±3	100±6	13±1	48±3
PYR	15±1	37±2	53±2	17±1	50±4	99±5	24±1	50±3	13±1	96±6	100±6	31±1
BaA	44±2	84±4	73±4	78±3	42±2	100±6	51±3	70±3	81±3	58±3	41±2	79±5
CHR	47±2	42±2	42±4	77±4	42±3	100±6	52±3	76±5	97±6	41±2	45±2	42±2
BbF	43±2	61±3	79±4	69±4	58±3	100±6	61±4	79±4	89±5	56±3	68±3	79±3
BkF	82±4	25±2	83±4	82±4	82±5	83±4	87±4	82±4	100±5	86±4	85±4	82±4
BaP	27±1	27±1	27±2	27±2	46±2	29±1	41±2	27±2	100±6	26±1	27±1	70±2
IPY	67±3	18±1	78±3	66±4	67±3	100±6	75±3	83±2	67±3	77±3	67±3	68±4
DBA	89±5	50±3	85±4	89±5	88±6	84±4	87±4	89±4	100±5	88±4	84±5	93±5
BPE	46±3	33±1	18±1	41±2	40±5	100±6	20±1	36±1	31±2	60±2	30±1	85±5
Ave	61±4	80±3	76±4	86±4	76±4	100±5	61±3	80±4	83±5	87±3	64±3	83±4

注：MeOH/Hex=甲醇：正己烷=6：1，DCM=二氯甲烷，Ac/Hex=丙酮：正己烷=1：1，DCM/Ac=二氯甲烷：丙酮=1：1，MeOH/Chex=甲醇：环己烷=1：6，Ac/Chex=丙酮：环己烷=1：1，Hex=正己烷，Hex/Ac/Tol=正己烷：丙酮：甲苯=10：5：1，Tol=甲苯，MeOH/Tol=甲醇：甲苯=6：1，Chex=环己烷，MeOH/DCM=甲醇：二氯甲烷=1：6。

（三）不同提取方法对炭基肥中 PAHs 的提取效果

依据美国 EPA 8000b 和预实验结果，采用 GC-MS 法，以丙酮/环己烷（1：1，v/v）为提取溶剂，对机械振荡、超声和加速溶剂三种常用的 PAHs 提取法进行了比较研究，结果见图 2-34。图中可见，三种方法对 2、3 和 6 环 PAHs 的提取效率均高于 4 环和 5 环 PAHs，比较 16 种 PAHs 平均回收率发现，加速溶剂法、超声法和机械振荡法对炭基肥中 PAHs 的回收率分别为 71.71%、67.47% 和 58.24%，达到了欧盟（2005）提出的 50%～120% PAHs 回收率的要求，就 16 种单个 PAHs 的回收率而言，加速溶剂提取法 ASE 的回收率为 47.52%～89.07%，其中，NAP、ACY、ANA、FLU、PYR、BaP 和 DBA 的回收率均超过 80%。超声提取对 NAP、ACY、ANT 和 FLT 的回收率也超过了 80%，其单个 PAHs 的回收率范围为 35.96%～89.17%。然而，机械振荡提取法仅对 IPY 一种 PAHs 的回收率超过了 80%，最低回收率为 32.94%。ASE 对 5,6 环的 PAHs 提取效果明显优于超声和振荡提取。

由以上分析可知，三种方法的提取效率依次表现为：加速溶剂法＞超声法＞机械振荡

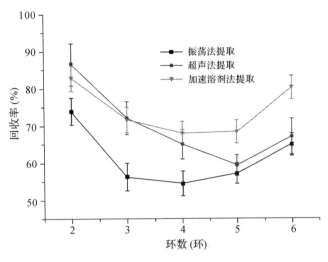

图 2-34　三种提取方法的比较

法。其中,加速溶剂法的提取时间小于 25min,而超声法的提取时间大于 30min,机械振荡法的提取时间则为 60min,由此可见,加速溶剂法所用的时间明显小于其他两种提取方法。另外,与超声和机械震荡相比,加速溶剂法具有有机溶剂用量少、受基体影响小、重现性好、提取效率高、自动化程度高等优点,因此选取 ASE 作为下一步提取和优化的方法。

(四)生物炭基肥中 PAHs 的 ASE-GC/MS 检测的响应面优化

(1)提取温度的影响

采用 Dionex ASE 300 加速溶剂萃取仪,根据文献,设定提取次数为 2 次,提取时间为 10min,分别设定提取温度为 50℃,80℃,100℃,120℃,150℃,研究加速溶剂萃取中提取温度对生物炭基肥中 PAHs 提取效果的影响。为了便于比较各个 PAH 在不同温度处理下提取效率的差异,我们将 PAHs 提取效率最高的温度作为参照物,计算其他温度的相对回收率。

表 2-29 为提取温度对生物炭基肥提取效果的影响。由表可知,提取温度为 50℃,80℃,100℃,120℃ 和 150℃,16 种 PAHs 相对提取回收率平均值分别为 100.00%,98.46%,96.84%,88.26%,92.33%,50℃ 的相对提取回收率显著地高于 120℃ 和 150℃。

表 2-29　提取温度对肥料中 PAHs 提取效果的影响

序号	50℃	80℃	100℃	120℃	150℃
1	99.75±6.95ab	100.00±3.95a	99.95±3.37a	90.02±5.02b	92.30±5.19ab
2	100.00±7.80a	98.73±4.81a	98.39±4.93a	89.31±5.44ab	86.13±5.33b
3	97.54±5.41ab	100.00±5.77a	98.03±4.77ab	88.80±5.32b	90.67±6.60ab
4	99.97±5.71a	100.00±4.85a	91.91±4.34ab	82.74±4.99b	91.41±4.71ab
5	100.00±5.33a	94.17±2.27a	81.33±1.23c	80.09±3.15c	89.44±2.91b
6	100.00±2.51a	88.55±2.03b	86.06±2.61b	84.85±3.43b	86.86±3.91b
7	94.60±5.72a	100.00±4.25a	90.16±2.84b	80.50±4.61c	94.45±5.56a

续表

序号	50℃	80℃	100℃	120℃	150℃
8	96.20±4.54ab	100.00±4.83a	100.00±4.30a	89.97±4.96b	98.74±4.61ab
9	100.00±3.24a	97.62±2.43a	84.61±2.34b	83.35±3.23b	83.37±2.52b
10	100.00±5.24a	87.37±2.78b	85.28±3.78b	74.47±3.81c	94.62±3.77a
11	100.00±2.93a	94.86±2.86ab	93.15±3.54b	91.83±3.38b	82.45±2.24c
12	99.18±2.20a	100.00±2.62a	98.77±3.07a	84.51±3.28b	84.91±2.61b
13	92.72±3.98ab	100.00±4.82a	99.34±4.91a	90.15±5.43ab	89.04±3.49b
14	93.68±3.87a	79.36±4.14b	98.64±4.82a	88.04±4.60b	100.00±3.30a
15	100.00±4.84a	91.58±3.88ab	98.94±3.19a	88.87±4.88b	95.75±4.35ab
16	90.46±3.02b	100.00±5.81a	97.45±1.10a	87.41±4.81b	74.77±3.75c
平均值	100.00±4.18a	98.46±4.24ab	96.84±3.65ab	88.26±2.94bc	92.33±3.47b

注:同行不同小写字母表示处理间差异显著($p<0.05$)。

由图 2-35 可知,2 环的 PAHs 在 50～100℃间,提取效率相似,差异较小。5 环和 6 环在 100℃时提取效率到达最高,但是在 120℃后下降,3 环,4 环,5 环和 6 环也有类似现象,这可能是由于提取温度较高,部分 PAHs 伴随溶液挥发,导致回收率下降。

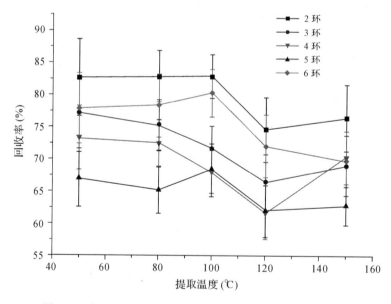

图 2-35　提取温度对肥料中不同环数 PAHs 提取效果的影响

经分析,选取 100℃作为优选的萃取温度。50℃,80℃和 100℃的平均回收率没有显著性差异(表 2-29),但是 100℃对高环 PAHs 提取效果较高(图 2-35),这可能是由于该温度相比于 50℃和 80℃,高温能更好地提取高环的 PAHs,同时其又低于提取溶剂的沸点,使得溶剂性质稳定,溶剂不过度挥发,有利于加速溶剂萃取。

（2）提取时间的选择

设定提取次数为 1 次，根据表 2-29 和图 2-35，初步设定温度为 50℃，分别设定加速溶剂萃取的提取时间为 5min，10min，15min，20min，25min，探究加速溶剂萃取中提取时间对肥料中 PAHs 提取效果的影响。为了便于比较各个 PAH 在不同提取时间下提取效率的差异，我们将 PAHs 提取效率最高的提取时间作为参照物，计算其他提取时间的相对回收率。

表 2-30 为提取时间对生物炭基肥中 PAHs 提取效果的影响，由表中可见，提取时间分别为 5min，10min，15min，20min，25min，16 种 PAHs 的相对提取回收率平均值分别为 86.87％，93.94％，100.00％，86.25％，90.25％。提取 15min 的 PAHs 相对回收率显著高于 5min 和 20min。

表 2-30　提取时间对肥料中 PAHs 提取效果的影响

序号	5min	10min	15min	20min	25min
NAP	90.16±4.82a	96.31±6.14a	100.00±6.92a	91.68±6.44a	90.97±6.83a
ACY	83.84±5.04b	92.67±6.71ab	100.00±7.91a	85.20±6.75b	91.88±8.03ab
ANA	84.12±5.20b	86.77±6.30ab	100.00±8.09a	85.46±6.95ab	92.02±8.25ab
FLU	85.87±6.26ab	79.86±6.59b	100.00±9.34a	87.07±8.39ab	92.90±9.76ab
PHE	79.28±3.20b	80.02±3.87b	100.00±5.73a	81.03±4.23b	89.59±5.39a
ANT	72.72±1.74c	100.00±3.76a	99.10±4.02a	74.95±2.25c	85.84±3.32b
FLT	83.96±4.17b	100.00±6.22a	94.09±6.15ab	85.52±5.55b	84.80±5.90b
PYR	89.71±4.48a	99.08±6.01a	100.00±6.53a	91.30±5.98a	91.65±6.46a
BaR	86.77±2.34b	100.00±3.59a	89.36±3.27b	76.79±2.23c	77.30±2.52c
CHR	79.34±3.22c	99.96±5.35a	100.00±5.75a	81.08±4.26bc	90.82±5.53ab
BbF	97.39±2.84a	91.74±3.10b	100.00±3.87a	87.35±2.91b	87.86±3.24b
BkF	91.37±2.17b	41.28±1.11c	100.00±3.38a	88.85±2.52b	86.77±2.66b
BaP	80.55±3.37bc	100.00±5.45a	82.50±4.48b	63.83±2.79d	73.44±3.99c
IPY	78.72±3.03b	92.55±4.61a	100.00±5.53a	80.52±4.00b	90.55±5.26a
DBA	89.23±4.17b	95.06±5.35ab	100.00±6.15a	90.90±5.55ab	91.27±6.01ab
BPE	80.42±2.94c	100.00±4.88a	88.30±4.40b	85.54±4.16bc	78.48±3.89c
平均值	86.87±4.44b	93.94±5.94ab	100.00±6.88a	86.25±5.64b	90.25±6.55ab

注：同行不同小写字母表示处理间差异显著（$p < 0.05$）。

由图 2-36 可知，不同环数的 PAHs 均呈现先上升后下降的趋势，其中 2 环，3 环和 5 环的 PAHs 均在 15min 达到较好的提取效果。

综合各环的提取效率，选择 15min 作为优选的提取时间，见表 2-30 和图 2-36。15min 对环数较少的 PAHs 具有较高的提取效率，这可能是由于环数较少的 PAHs 容易挥发，较长时间的萃取，造成了其回收率的下降。

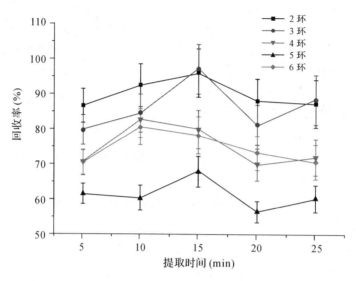

图 2-36　提取时间对肥料中不同环数 PAHs 提取效果的影响

（3）提取次数的选择

根据表 2-29 和表 2-30，选择 100℃，15min，分别设定加速溶剂萃取的提取次数为 1 次，2 次，3 次，4 次，5 次，探究加速溶剂萃取中提取次数对肥料中 PAHs 提取效果的影响。为了便于比较各个 PAH 在不同提取次数下提取效率的差异，我们将 PAHs 提取效率最高的提取次数作为参照物，计算其他提取次数的相对回收率。

表 2-31 为提取次数对生物炭基肥中 PAHs 提取效果的影响，由表可知，选取提取次数（即循环数）为 1～5 次，16 种 PAHs 的相对提取回收率平均值分别为 100.00%，94.95%，83.46%，43.12%，27.52%，提取次数为 1 次和 2 次的相对提取回收率都显著大于 3 次，4 次和 5 次。

表 2-31　提取次数对肥料中 PAHs 提取效果的影响

序号	1 次	2 次	3 次	4 次	5 次
NAP	100.00±6.14a	89.41±5.95a	67.14±2.90b	60.98±3.61c	53.21±3.56d
ACY	100.00±6.71a	91.56±6.80a	66.57±3.25b	24.67±1.56c	24.72±1.77c
ANA	100.00±6.30a	92.21±6.41a	64.24±2.75b	47.99±2.89c	38.51±2.62d
FLU	100.00±6.59a	91.97±6.71a	68.38±3.33b	52.58±3.28c	43.02±3.03d
PHE	99.65±3.87a	87.41±3.33b	100.00±3.35a	46.90±2.00c	27.31±1.32d
ANT	94.87±3.76a	87.25±3.51b	100.00±3.55a	48.38±2.13c	25.24±1.26d
FLT	100.00±6.22a	86.39±5.72b	70.95±3.29c	43.95±2.62d	16.40±1.11e
PYR	100.00±6.01a	86.77±5.54b	67.29±2.81c	29.57±1.72d	4.87±0.32e
BaR	92.82±3.59b	84.22±3.24c	100.00±3.50a	24.71±1.08d	12.66±0.63e
CHR	100.00±5.35a	91.23±5.24a	76.09±3.03b	28.44±1.52c	23.96±1.45e
BbF	100.00±3.10a	94.49±2.93a	74.47±1.10b	27.97±1.04c	11.02±0.46d

续表

序号	1 次	2 次	3 次	4 次	5 次
BkF	27.22±1.11c	65.14±3.20b	100.00±5.35a	20.71±1.16d	8.54±0.54e
BaP	100.00±5.45a	98.11±5.98a	75.00±3.03b	57.75±3.12c	25.39±1.55d
IPY	100.00±4.61a	96.97±4.87a	78.50±2.59b	41.77±2.00c	38.22±2.07d
DBA	100.00±5.35a	97.93±5.84a	86.18±3.83b	43.83±2.34c	21.47±1.29d
BPE	100.00±4.88a	94.86±5.02a	83.29±3.18b	42.83±2.14c	27.14±1.53d
平均值	100.00±6.72a	94.95±6.82a	83.46±4.32b	43.12±2.91c	27.52±2.08d

注:同行不同小写字母表示处理间差异显著($p<0.05$)。

由图 2-37 可见,不同环数 PAHs(除 5 环外)的平均提取回收率均随着提取次数的增加逐渐降低。其中提取次数为 1 次和 2 次的平均提取回收率均大于其他提取次数,但是其之间没有显著性差异,这可能是由于在加速溶剂萃取中,提取 1 次或者 2 次时,由于提取次数较少,可以一次性的让更多溶剂和样品接触,提高了萃取效率。综合分析,提取次数为 1 次时,提取回收率较高,且提取时间短,便于快速检测,故选取提取 1 次作为优选的提取次数。

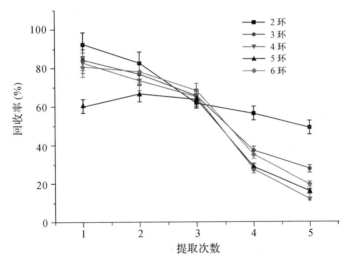

图 2-37　提取次数对肥料中 PAHs 提取效果的影响

(4)加速溶剂萃取条件的优化

根据前面的实验,设定加速溶剂萃取 PAHs 的 Box-Behnken 实验因素水平(表 2-32),以回收率为响应变量(Y),根据实验结果(表 2-33),对数据回归分析,拟合得到方程:

$$Y = 61.46 + 0.04X_1 + 1.77X_2 + 14.02X_3 + 1.66 \times 10^{-3} X_1 X_2 + 0.08X_2 X_3 + 0.17X_1 X_3 - 9.20 \times 10^{-4} X_1^2 - 0.06X_2^2 - 7.36X_3^2 \tag{2-3}$$

其中 X_1 为温度,X_2 为时间,X_3 为次数。对实验结果进行方差分析(表 2-34),结果显示模型能很好地拟合实验数据($p<0.01$),因素 X_1,X_2 和 X_3 对回收率的线性效果显著($p<0.05$),交互效应显著($p<0.05$)。图 2-39 为该模型方程的响应面的等高线图和曲面图。

表 2-32　Box-Behnken 实验与水平表

参数	水平		
	−1	0	1
X_1＝温度	50	100	150
X_2＝时间	5	15	25
X_3＝次数	1	2	3

表 2-33　Box-Behnken 实验设计与结果

运行序	X_1		X_2		X_3		Y
	编码	温度（℃）	编码	时间（min）	编码	次数（cycles）	
1	0	100	−1	5	−1	1	78.72
2	0	100	0	15	0	2	87.64
3	0	100	0	15	0	2	88.21
4	−1	50	0	15	−1	1	87.10
5	−1	50	1	25	0	2	83.76
6	0	100	0	15	0	2	88.09
7	0	100	1	25	−1	1	81.02
8	0	100	−1	5	1	3	65.76
9	1	150	−1	5	0	2	78.11
10	0	100	0	15	0	2	87.87
11	−1	50	−1	5	0	2	76.87
12	0	100	0	15	0	2	87.97
13	1	150	1	25	0	2	81.69
14	1	150	0	15	−1	1	78.59
15	1	150	0	15	1	3	77.73
16	0	100	1	25	1	3	74.69
17	−1	50	0	15	1	3	69.76

　　由表 2-33 可知，F 值为 1356.85（$p<0.0001$），$R^2=0.9994$，R^2（Adj）＝0.9987，说明模型对温度，时间和次数间及其相互关系具有很好的拟合度，回归方程失拟系数为 0.23＞0.05，呈非显著性差异，故回归方程拟合良好。

表 2-34　Box-Behnken 实验的分析

Source	Sum of Squares	df	Mean Square	F-Value	p-value Prob ＞ F
Model	731.89	9	81.32	1356.85	＜0.0001
X_1-温度	0.75	1	0.75	12.49	0.0095

续表

Source	Sum of Squares	df	Mean Square	F-Value	p-value Prob > F
X_2-时间	73.48	1	73.48	1226.09	<0.0001
X_3-次数	35.84	1	35.84	598.01	<0.0001
X_1X_2	2.74	1	2.74	45.70	0.0003
X_1X_3	67.94	1	67.94	1133.51	<0.0001
X_2X_3	10.99	1	10.99	183.36	<0.0001
X_1^2	22.27	1	22.27	371.61	<0.0001
X_2^2	129.63	1	129.63	2162.85	<0.0001
X_3^2	228.08	1	228.08	3805.47	<0.0001
Residual	0.42	7	0.060		
Lack of Fit	0.23	3	0.077	1.61	0.3202
Pure Error	0.19	4	0.047		
Cor Total	732.31	16			

$R^2=0.9994$ Adjust $R^2=0.9987$

由图 2-38A 可知,17 个实测值的回收率均分布在通过预测值回收率拟合的直线周围,大部分落在直线上,说明实测值与预测值非常接近。由图 2-38B 可知,17 个随机产生的实验数据点的预测回收率均分布在残差 0 的周围,且成不规则分布,所有点均落在残差为 3 和 —3 的两条红线以内,说明回归方程的拟合情况良好。

综合图 2-38 可知,回归方程(2-3)能比较真实地反映出提取时间、提取温度和提取次数这三个实验因素对回收率的影响。

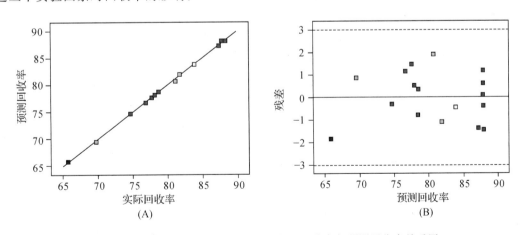

图 2-38 残差与预测回收率关系图和实际回收率与预测回收率关系图

图 2-39 说明了提取时间,提取温度,提取次数间的交互效应对 ASE 提取 PAHs 的影响。由图 2-39A 可知,当设定提取次数为固定值时(2 次),提取时间和提取温度联合作用,拟合出一个极大值。图 2-39B 表明:当设定提取时间为固定值时(15min),提取次数和提取

温度相互影响,产生一个极大值。图 2-39C 表明,当设定提取温度为固定值时(100℃),提取次数和提取时间的交互作用同样会产生一个极大值。综合可见,图 2-39 表明了提取温度,提取时间和提取次数 3 个不同处理条件间互相变化,互相影响,建立一个回归方程(2-3),进而得到一个最优的结果。

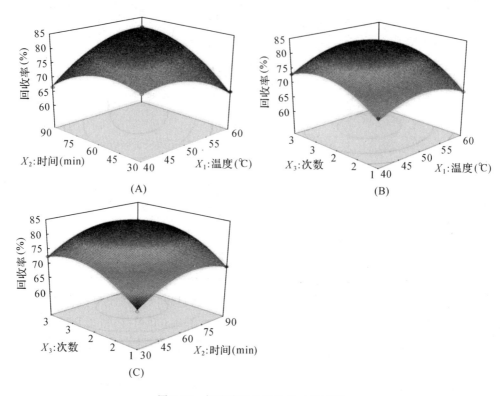

图 2-39　加速溶剂法优化的响应面图

当提取温度为 78℃,提取时间为 17min,提取次数为 2 次时,获得较优的回收率为 89.3%,见图 2-39,通过试验验证获得的回收率为 87.9%,预测值和验证值很接近,这表明回归方程能比较真实地反应各个因素对回收率的影响。

图 2-35 为加速溶剂法提取肥料样品中的 PAHs 的线性方程,其中 16 种 PAHs 的 LOD 为 $0.001 \sim 0.03 \text{mg/g}$,LOQ 为 $0.004 \sim 0.1 \text{mg/g}$,$R^2$ 为 $0.9964 \sim 0.9979$,说明 16 种 PAHs 各自都线性良好。

表 2-35　加速溶剂法提取肥料中的 PAHs 的线性方程,R^2,LOD,LOQ

PAHs	线性方程	R^2	LOQ mg/g	LOD mg/g
萘	$Y = 2.711 \times 10^5 X + 1.074 \times 10^4$	0.997415	0.005	0.002
苊烯	$Y = 2.961 \times 10^5 X - 1.516 \times 10^4$	0.997164	0.008	0.003
苊	$Y = 1.907 \times 10^5 X + 2.718 \times 10^4$	0.996431	0.012	0.003
芴	$Y = 2.172 \times 10^5 X - 1.187 \times 10^3$	0.997101	0.010	0.003
菲	$Y = 6.431 \times 10^5 X - 8.493 \times 10^4$	0.997511	0.004	0.001
蒽	$Y = 6.440 \times 10^5 X - 8.419 \times 10^4$	0.997526	0.011	0.003

PAHs	线性方程	R²	LOQ mg/g	LOD mg/g
荧蒽	$Y=3.753\times10^5X-7.355\times10^4$	0.997660	0.012	0.003
芘	$Y=3.860\times10^5X-5.867\times10^4$	0.997623	0.011	0.003
苯并[a]蒽	$Y=7.093\times10^5X-2.836\times10^5$	0.997691	0.028	0.008
屈(chrysene)	$Y=7.121\times10^5X-2.797\times10^5$	0.997715	0.018	0.005
苯并[b]荧蒽	$Y=7.907\times10^5X-3.485\times10^5$	0.997673	0.023	0.007
苯并[k]荧蒽	$Y=7.948\times10^5X-3.416\times10^5$	0.997713	0.023	0.007
苯并[a]芘	$Y=3.778\times10^5X-2.005\times10^5$	0.997625	0.053	0.016
二苯并[a,h]蒽	$Y=4.590\times10^5X-3.268\times10^5$	0.996690	0.100	0.030
苯并[g,h,i]苝	$Y=3.758\times10^5X-2.619\times10^5$	0.996902	0.069	0.021
茚并[1,2,3-cd]芘	$Y=3.951\times10^5X-1.514\times10^5$	0.997900	0.026	0.008

(五)生物炭基肥中PAHs的UE-GC/MS响应面优化

加速溶剂提取法的提取效果优于超声提取法和振荡提取法,但是加速溶剂仪价格昂贵,国内大多高校和科研院所的实验室都少有配备,故适用性较差。与ASE相比,超声提取法虽然对16种PAHs的总回收率较低,但是其对2环和3环的低分子量PAHs提取效果较好,同时,超声提取法操作过程简单,迅速,仪器设备廉价且易得,并且能多样品同时处理,成本较低。因此,为了更好地普及和方便生物炭基肥的检测,克服目前单一条件下,超声提取生物炭基肥回收率较低的问题,我们打算对其前处理条件进行优化。溶剂的优化参考本章2.5.2,选取丙酮和环己烷的混合溶剂。在对超声提取法的温度、时间和料液比这3个单因素进行考察后,通过响应面优化法,研究3个因素间的交互作用影响,进一步提高其对高分子量PAHs的提取效率,使之满足炭基肥中PAHs的提取要求。为了防止超声提取时间较长导致的低分子量PAHs的挥发损失,采用内标法进行定量分析。

1. 单因素分析

(1)超声料液比对肥料中PAHs提取效果的影响

以环己烷和丙酮(1∶1,v/v)作为提取试剂,研究了在样品质量相同的情况下,采用不同提取试剂体积对提取效果的影响。分别使用10mL、15mL、20mL、30mL、40mL环己烷和丙酮(1∶1,v/v)作为溶剂,每个样品提取次数为1次,按照本方法进行净化和测定,探究以上条件下PAHs的回收率。

由图2-40可见,在5种提取溶剂用量的条件下,六环PAHs的回收率皆为最低,范围在62.26%～79.68%;料液比在1g∶15mL、1g∶20mL、1g∶30mL和1g∶40mL时4环的PAHs回收率最高,范围在90.82%～98.89%,而液料比为1g∶10mL时三环的PAHs回收率最高,为105.01%(图2-40)。虽然在多种料液比条件下各环数PAHs的提取效果类似,各环数PAHs回收率在79.68%～98.89%,各个料液比间回收率没有显著性差异。考虑到使用大量试剂会造成后期氮吹浓缩时,氮吹时间增长,挥发损失增大,低分子量的PAHs大量损耗,同时浪费有机试剂,故而优选提取溶剂用量为15mL。

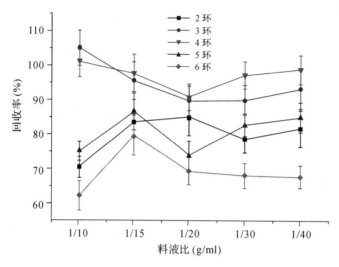

图 2-40　超声萃取料液比对肥料中不同环数 PAHs 提取效果的影响

（2）超声温度对肥料中 PAHs 提取效果的影响，见图 2-40。

确定料液比为 1g：15mL，超声温度分别设为 20℃、30℃、40℃、50℃、60℃，探究不同的超声温度对肥料中 PAHs 提取效果的影响。

从图 2-41 可以看出，超声温度在 20℃到 50℃的范围内，除了二环的 PAHs，其余环数的 PAHs 提取回收率随着超声温度的升高而升高；但是当温度提高到 60℃时，所有环数的 PAHs 回收率都有所下降。同时，在五种温度条件下，六环的 PAHs 回收率均最低，范围为 66.15%～90.91%；除了 40℃条件下的试验数据，其余温度条件下二环的 PAHs 回收率皆为最高，范围为 99.84%～128.91%，而超声温度为 40℃时，四环的 PAHs 回收率最高，为 99.83%。这可能是由于超声温度较低，样品中的 PAHs 提取不完全；超声温度过高，则部分 PAHs 挥发到气相，导致某些组分回收率降低；而部分 PAHs 回收率超过 100%，可能是由于仪器上的残余或是空气中的 PAHs 溶解于溶剂造成的。因此，当超声温度为 50℃时，提

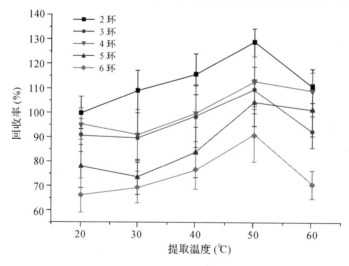

图 2-41　超声萃取温度对肥料中不同环数 PAHs 提取效果的影响

取效果都较为良好且优于其他 4 种萃取温度,各环数 PAHs 回收率为 90.91%～128.91%。故而选择超声萃取温度为 50℃ 作为优选温度。

(3)超声时间对肥料中 PAHs 提取效果的影响

设定超声提取仪的温度为 50℃,超声时间分别选择 10min,20min,30min,60min,120min,探究不同的超声时间对肥料中 PAHs 提取效果的影响。经分析,超声 60min 时,PAHs 的萃取效果好于其他 4 种萃取时间,见图 2-42。

从图 2-42 可以看出,超声时间从 10min 到 60min 的范围内,PAHs 回收率随着超声时间的延长而略有提高;60min 到 120min 的范围内,随着提取时间的延长,环数较少的 PAHs 回收率有所下降,但是对于相对分子质量较大的 PAHs,回收率有所提升。当提取时间为 120min 时,4,5 和 6 环的 PAHs 回收率最高,为 65.57%～75.28%,其中,在所有提取时间条件下,五环的 PAHs 回收率皆为最低,范围为 37.02%～65.57%。这可能由于若超声时间不足,则样品中的 PAHs 未完全为溶剂提取;若超声时间过长,超声波作用会激增体系能量,分子间较弱的化学键被破坏,从而导致分子键的断裂;也可能由于部分分子质量较小的 PAHs 挥发到气相,导致某些组分回收率降低。综上所述,当提取时间为 60min 时,各环数 PAHs 的回收率都较为良好,回收率范围为 59.51%～86.56%。同时考虑时间成本和提取效率,优选超声时间为 60min。

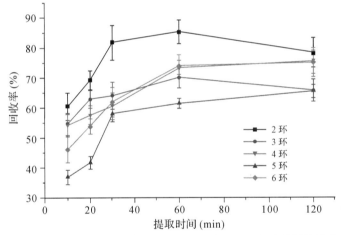

图 2-42　超声萃取时间对肥料中不同环数 PAHs 提取效果的影响

2. 超声提取响应面模型建立

根据超声提取的单因素实验结果,设定响应面的 3 个变量的水平值(表 2-36),同时设计产生响应面设计表(见表 2-37),通过实验获得肥料中 PAHs 的回收率。

表 2-36　超声提取法 Box-Behnken 实验因素与水平表

参数	水平		
	−1	0	1
X_1=温度	40	50	60
X_2=时间	30	60	90
X_3=次数	1	2	3

表 2-37 超声提取法 Box-Behnken 实验设计与结果

运行序	X_1		X_2		X_3		回收率%
	编码水平	温度(℃)	编码水平	时间(min)	编码水平	次数(cycles)	(Y)
1	1	60	0	60	−1	1	67.53
2	0	50	0	60	0	2	80.54
3	−1	40	−1	30	0	2	73.83
4	0	50	1	90	−1	1	69.54
5	0	50	0	60	0	2	79.96
6	1	60	−1	30	0	2	65.53
7	−1	40	1	90	0	2	66.62
8	−1	40	0	60	−1	1	67.95
9	1	60	1	90	0	2	81.35
10	1	60	0	60	1	3	77.18
11	0	50	−1	30	−1	1	64.12
12	0	50	1	90	1	3	78.19
13	−1	40	0	60	1	3	73.03
14	0	50	−1	30	1	3	72.52
15	0	50	0	60	0	2	81.62

从表 2-37 中可以看出,用超声提取法按照软件随机产生的 15 个 Box-Behnken Design 实验方案测得的肥料中 PAHs 的加标回收率为 64.12%~81.62%。与加速溶剂萃取法的回收率相比,超声提取法的回收率略低。但是,加速溶剂萃取法运行成本高,并不是每个实验室都有条件购置加速溶剂萃取仪。超声仪价格便宜,设备维护保养方便,应用较为普遍。

图 2-43 为实验得出的残差与预测值的关系。图中可以看出,15 个随机产生的 Box-Behnken Design 实验方案的预测回收率均随机的分布在残差等于 0 的直线周围,且数值皆落在为 3 和−3 之间,这说明回归方程的拟合情况良好。

从图 2-44 可知,15 个实测值均落在了直线上或直线附近,实测值与预测值非常接近,这表明回归方程能比较真实地反映提取时间、提取温度和提取次数这三个实验因素对回收率的影响。

以回收率为响应变量 Y,根据实验结果(表 2-37),对数据回归分析,拟合得到方程:

$$Y = 80.71 + 1.27X_1 + 2.46X_2 + 3.97X_3 + 5.76X_1X_2 + 1.14X_2X_3 + 0.063X_1X_3 - 4.27X_1^2 - 4.60X_2^2 - 5.01X_3^2 \tag{2-4}$$

其中 X_1 为提取温度,X_2 为提取时间,X_3 为提取次数。该回归方程(2-4)是一个二阶多项式方程,从该多项式方程的第五项、第六项和第七项可以看出,三个实验因素 X_1、X_2 和 X_3 之间存在着交互作用。根据这三项的系数大小,可以判断出提取温度与提取时间之间的交

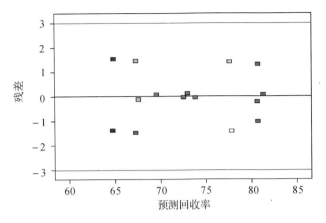

图 2-43　残差与预测回收率关系图

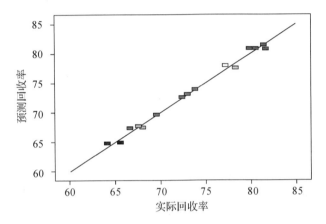

图 2-44　实际回收率与预测回收率关系图

互作用最明显,提取温度与提取次数之间的交互作用相对不明显。

图 2-45A 为提取温度 X_1 和提取时间 X_2 的不同组合生成的 Y 值的等高线图和响应曲面图。图 2-45B 为由提取温度 X_1 和提取次数 X_3 的不同组合生成的 Y 值的等高线图以及响应曲面图。图 2-45C 为提取时间 X_2 和提取次数 X_3 的不同组合生成的 Y 值的等高线图以及响应曲面图。由图 2-45 可知,等高线图和响应面弯曲明显,说明 3 个变量因素间具有的交互作用,其中提取温度和提取时间的等高线图呈椭圆形,说明两者之间的交互作用明显(图2-45A),提取温度和提取次数的等高线呈现近似圆形,说明其间的交互作用较弱(图 2-45B),提取时间和提出次数的等高线图更加呈近似现圆形,说明时间和次数间的交互作用不明显(图2-45C)。

表 2-38 为超声提取法 Box-Behnke 实验设计方差分析表。由表 2-38 可见,F 值为 532.28($p<0.0001$),$R^2=0.9930$,R^2(Adj)$=0.9803$,说明模型对时间,温度和次数间及其相互关系具有良好好的拟合度,回归方程失拟系数为 $2.35>0.05$,呈非显著性差异,故回归方程拟合良好。回归模型(2-4)能很好的拟合实验数据($p<0.01$),因素 X_1,X_2 和 X_3 对回收率的线性效果显著($p<0.01$)。

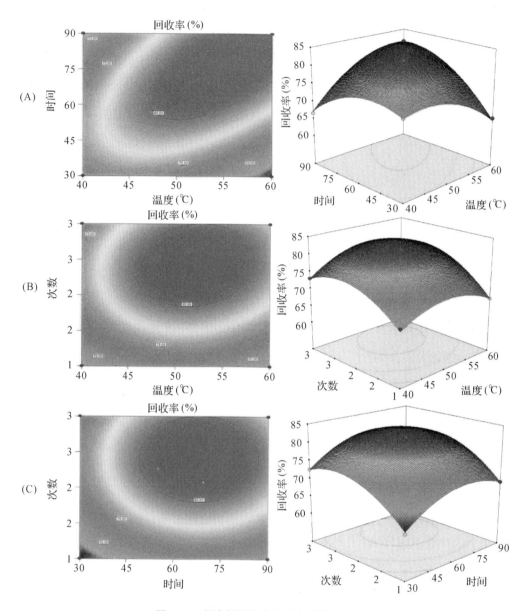

图 2-45　超声提取优化的等高线图和响应面

表 2-38　超声提取法 Box-Behnke 实验设计方差分析

Source	Sum of Squares	Df[a]	Mean Square	F-Value[b]	p-value Prob>F
Model	532.28	9	59.14	78.39	<0.0001
X_1-温度	12.90	1	12.90	17.10	0.0090
X_2-时间	48.51	1	48.51	64.30	0.0005
X_3-次数	126.25	1	126.25	167.33	<0.0001
$X_1 X_2$	132.60	1	132.60	175.75	<0.0001

Source	Sum of Squares	Df[a]	Mean Square	F-Value[b]	p-value Prob>F
X_1X_3	5.22	1	5.22	6.92	0.0465
X_2X_3	0.016	1	0.016	0.021	0.8912
X_1^2	67.39	1	67.39	89.32	0.0002
X_2^2	78.20	1	78.20	103.65	0.0002
X_3^2	92.75	1	92.75	122.94	0.0001
Residual	3.77	5	0.75		
Lack of Fit	2.35	3	0.78	1.11	0.5074
Pure Error	1.42	2	0.71		
Cor Total	536.05	14			
$R^2=99.3\%$	Adj $R^2=98.03\%$				

最佳实验条件为提取温度为57℃,提取时间为81min,提取次数为2次,PAHs回收率为81.69%。以此提取时间、提取温度和提取次数进行实验,得出肥料中PAHs的回收率为80.84%,预测值和验证值非常接近,这表明回归方程(2-4)能比较真实地反应出提取时间、提取温度和提取次数这三个实验因素对回收率的影响。

表2-39为超声法提取肥料样品中的PAHs的线性方程,其中16种PAHs的LOD为$2.25\sim23.55\mu g/kg$,LOQ为$7.51\sim78.49\mu g/kg$,R^2为$0.996142\sim0.999990$,说明16种PAHs各自都线性很好,保证了实验数据的准确性。

表 2-39　超声法提取肥料中的 PAHs 的线性方程,R^2,LOD,LOQ

PAHs	线性方程	R^2	LOD ng·g^{-1}	LOQ ng·g^{-1}
萘	$Y=2.536\times10^3X+3.979\times10^4$	0.999972	3.52	11.74
苊烯	$Y=2.155\times10^3X+3.616\times10^3$	0.999844	2.37	7.91
苊	$Y=1.377\times10^3X+7.621\times10^3$	0.999990	2.25	7.51
芴	$Y=1.498\times10^3X+7.140\times10^3$	0.999897	2.93	9.77
菲	$Y=2.242\times10^3X+4.535\times10^3$	0.999859	3.95	13.18
蒽	$Y=2.071\times10^3X-7.764\times10^3$	0.999440	5.81	19.36
荧蒽	$Y=2.323\times10^3X-8.503\times10^3$	0.999611	7.98	26.6
芘	$Y=2.438\times10^3X-9.377\times10^3$	0.999556	8.71	29.04
苯并[a]蒽	$Y=1.653\times10^3X-1.818\times10^4$	0.997582	9.83	32.77
屈(chrysene)	$Y=1.884\times10^3X-1.218\times10^4$	0.999150	8.23	27.42
苯并[b]荧蒽	$Y=1.577\times10^3X-1.661\times10^4$	0.997696	10.69	35.63

续表

PAHs	线性方程	R^2	LOD ng·g^{-1}	LOQ ng·g^{-1}
苯并[k]荧蒽	$Y=1.910\times10^3X-1.979\times10^4$	0.998109	9.20	30.66
苯并[a]芘	$Y=1.374\times10^3X-1.821\times10^4$	0.996276	9.44	31.47
二苯并[a,h]蒽	$Y=1.048\times10^3X-1.583\times10^4$	0.996308	16.17	53.91
苯并[g,h,i]苝	$Y=1.066\times10^3X-1.743\times10^4$	0.996142	19.22	64.06
茚并[1,2,3-cd]芘	$Y=1.497\times10^3X-1.752\times10^4$	0.997209	23.55	78.49

与加速溶剂萃取法的最优化检测条件相比,超声提取法的最优化检测条件的提取效率较低,提取时间相对较长,提取温度较低,提取次数相同。这可能是由于加速溶剂仪的提取容器为密封性较好的专属不锈钢提取盒,且提取时间较短,故可以短时高温萃取,在高温提取高分子的 PAHs 的同时兼顾了低分子 PAHs 长时间提取的挥发损失。虽然加速溶剂法的提取时间远远小于超声提取法,且提取效果优于超声提取法,但是考虑到超声提取法的提取效率也在较好的范围内,且超声提取仪为大多实验室所配备,具有较好的推广效应,故实验中,可根据实际情况,选择相应的提取方法。

六、实际样品测定

将 3 种市售的生物炭基肥 BCF-1,BCF-2 和 BCF-3,采用优化后的超声提取法提取肥料中的 PAHs。

表 2-40　不同肥料的 PAHs 含量

PAHs	BCF-1		BCF-2		BCF-3	
	回收率 %	含量 mg·kg^{-1}	回收率 %	含量 mg·kg^{-1}	回收率 %	含量 mg·kg^{-1}
萘	85.0±3.1	0.15	86.7±2.2	0.42	81.8±3.9	6.14
苊烯	89.2±2.1	0.02	95.5±3.1	0.35	84.9±2.7	4.09
苊	85.1±2.8	0.03	102.1±3.9	0.05	88.3±3.8	0.24
芴	91.2±4.0	0.08	91.8±2.7	0.27	91.5±2.2	0.45
菲	89.1±2.3	0.20	82.5±2.0	1.61	83.7±3.0	6.36
蒽	93.2±2.1	0.07	91.8±2.4	0.31	86.9±2.3	0.80
荧蒽	85.1±4.1	0.40	88.8±5.9	2.29	90.1±4.1	6.58
芘	95.2±5.2	0.43	97.4±3.3	2.42	94.0±3.3	8.32
苯并[a]蒽	91.4±2.1	0.21	95.0±2.7	0.02	86.3±2.4	0.54
屈(chrysene)	81.1±4.3	0.28	83.6±2.0	0.03	89.7±3.8	1.08
苯并[b]荧蒽	91.5±3.3	0.48	100.2±3.7	0.54	83.6±2.1	0.75
苯并[k]荧蒽	99.3±4.2	0.03	91.8±2.7	0.36	86.8±3.4	0.03

PAHs	BCF-1		BCF-2		BCF-3	
	Recovery %	Con. mg·kg⁻¹	Recovery %	Con. mg·kg⁻¹	Recovery %	Con. mg·kg⁻¹
苯并[a]芘	89.2±3.2	0.02	101.4±7.9	0.75	104.1±7.3	0.47
二苯并[a,h]蒽	97.3±7.1	0.15	88.9±2.1	0.71	98.2±3.6	0.02
苯并[g,h,i]芘	99.3±2.2	0.18	101.9±4.1	0.02	102.0±5.2	0.03
茚并[1,2,3-cd]芘	109.4±3.3	0.15	94.4±2.5	0.98	96.1±3.1	0.79

　　由表 2-40 可知,生物炭基肥 BCF-1 中 16 种 PAHs 的回收率为(81.1%±4.3%)~(109.4%±3.3%),生物炭基肥 BCF-2 中 16 种 PAHs 的回收率为(82.5%±2.0%)~(101.4%±7.9%),生物炭基肥 BCF-3 中 16 种 PAHs 的回收率为(81.8%±3.9%)~(104.1%±7.3%)。3 种市售生物炭基肥中的 16 种 PAHs 的回收率均在 80%~120%之间,说明优化后的检测条件能够有效地提取出生物炭基肥中的 PAHs。其中部分 PAHs 的回收率超过了百分之百,这可能是由于实验过程中,空气中的 PAHs 进入了待测样品或者提取容器中,导致了回收率大于百分之百,之后的实验应注意实验室的通风和实验室空气的监测,排除其干扰。

第三章　污染土壤的防治与修复

　　土壤污染的防治应贯彻以防为主的方针,首先应尽量控制和消除土壤污染源,而对于已经受到重金属污染的土壤,目前的主要治理途径有两种,一是改变重金属在土壤中的存在形态,使其固定和降低在环境中的迁移性与生物可利用性;二是从土壤中去除重金属,使其存留浓度达到或接近背景值。

　　污染土壤修复是指通过物理、化学、生物、生态学原理,并采用人工调控措施,使土壤污染物浓(活)度降低,实现污染物无害化和稳定化,以达到人们期望的解毒效果的技术措施。目前,理论上可行的修复技术有植物修复、微生物修复、化学修复、物理修复和综合修复等几大类。有些修复技术已经进入现场应用阶段,并取得了较好的效果。污染土壤实施修复,对阻断污染物进入食物链,防止对人体健康造成危害,促进土地资源保护和可持续发展具有重要意义。目前关于该技术的研发主要集中于可降解有机污染物和重金属污染土壤的修复。

第一节　土壤污染预防措施

　　采取措施控制进入土壤中的污染物的数量和速度,同时利用和强化土壤本身的净化能力来达到消除污染物的目的。

一、控制和消除工业"三废"的排放

　　大力推广循环经济,实现无毒工艺,倡导清洁生产和生态工业的发展;对可利用工业"三废"进行回收利用,化害为利;对不可利用而必须排放的工业"三废",要进行净化处理,实现污染物达标排放。

二、合理施用化肥和农药等农用化学品

　　禁止和限制使用剧毒、高残留农药,大力发展高效、低毒、低残留农药。根据农药特性,合理施用,规定使用农药的安全间隔期。应用生物防治措施,实现综合防治,既要防止病虫害对农作物的威胁,又要做到高效、经济地把农药对环境和人体健康的影响限制在最低程度。应合理地使用化肥,严格控制本身含有毒物质的化肥品种的使用范围和数量。合理经济地施用硝酸盐和磷酸盐肥料,以避免使用过多而造成土壤污染。

三、加强土壤污灌区的监测和管理

　　对污水灌溉和污泥施肥的地区,要经常检测污水和污泥及土壤中污染物质成分、含量和动态变化情况,严格控制污水灌溉和污泥肥施用量,避免盲目地污灌和滥用污泥,以免引起

土壤的污染。

四、增强土壤环境容量和提高土壤净化能力

通过增加土壤有机质含量,利用沙掺黏来改良沙性土壤,以增加土壤胶体的种类和数量,从而增加土壤对有毒、有害物质的吸附能力和吸附量,减少污染物在土壤中的活性。另外,通过分离和培育新的微生物品种,改善微生物的土壤环境条件,以增加微生物的降解作用,提高土壤的净化功能。

第二节　污染土壤的修复

一、土壤重金属污染的修复

1. 工程措施

工程措施是指依据物理学或物理化学原理,通过工程手段治理污染土壤的一种方法。主要包括有客土法、换土法、电化学法、冲洗法以及固化技术等。客土法是向受污染的农田加入未受污染的土壤,使其覆盖在表层或与原有土壤混匀,使耕层土壤污染物浓度降低,从而减轻污染的一种方法。对于浅根植物和移动性较差的污染元素,宜采用覆盖的方法,而对于根深作物和移动性较大重金属污染的农田则以客土与原土壤混合的方法更为适宜。换土法是把受污染的土壤部分或全部移走后,换成未受污染的土壤的一种方法。该方法对小面积严重污染且污染物易扩散又难分解的土壤较适宜。这些措施应根据实际情况加以选用,但必须注意两点,一是新加入的土壤的酸碱性等性质最好与原土壤一致,避免由于环境因子的改变而引起土壤中重金属活性的增大;二是妥善处理被换掉的受污染的土壤,使其不产生二次污染。

电化学法是指在土壤中插入一些电极,把低强度的直流电导入土壤以清除污染物,电流接通后,阳极附近的酸会向土壤毛细孔移动,并把污染物释放在毛细孔的液体中,大量的水以电渗透的方式开始在土壤中流动,这样土壤毛细孔中流体就可移至阳极附近,并在此被吸收到土壤表层而得以去除。这种方法不适用于渗透性较高、传导性较差的砂性土壤。

冲洗法是用清水或在清水中加入能增加重金属水溶性的某种化学物质,清洗被污染的土壤的一种方法。

固化技术是指将重金属污染的土壤按一定比例与固化剂混合,经熟化最终形成渗透性很低的固体混合物。

2. 化学方法

主要是通过向土壤中施用改良剂、抑制剂等化学类物质,以降低重金属的活性,减少重金属向植物体、动物体和水体的迁移。常用的改良剂有石灰、碳酸钙、磷酸盐及有机肥等。

（1）沉淀作用

通过在重金属污染土壤中加入一些物质使重金属生成沉淀以降低重金属的可溶性及生物有效性,另外对于受重金属污染的酸性土壤,施用石灰、矿渣、粉煤灰等碱性物质或配施钙镁磷肥等碱性肥料,也可以提高土壤 pH 值,降低重金属的溶解性。

（2）拮抗作用

通过离子间的拮抗作用，即用一种化学性质相似而又不是污染物的元素控制另外一种污染性的重金属元素的吸收利用，从而降低植物对某种污染物的吸收。例如利用硫酸铁作为铁的来源施用，可以明显地减少稻田土壤钼的活性，从而控制其向水稻体中的迁移量，最终使水稻生长正常。

（3）增施有机肥

有机肥包括动物粪便、人粪尿、泥炭及堆肥等，这些物质施入土壤中不仅可以增加土壤肥力，供给植物所需的营养元素，还能提供土壤腐殖质物质，尤其是腐熟度较高的堆肥，其中胡敏酸含量较大。对于有机质含量高的土壤，将六价铬还原为三价铬的能力也比较大，具有明显的解毒作用。

3. 生物措施

生物措施是指利用某些特定的动物、植物和微生物，吸收或降解土壤中的重金属，降低其毒性而使土壤得到净化的一类方法。由于重金属污染的特点是不能被降解并从环境中彻底消除，只能在形态上发生变化，或降低浓度，所以重金属的生物修复有两种途径：一是通过在污染土壤上种植木本植物、经济作物及野生植物，利用其对重金属的吸收、积累和耐性除去重金属；二是利用生物化学、生物有效性和生物活性，将重金属转化为较低毒性产物，或利用重金属与微生物的亲和性进行吸附，降低重金属的毒性和迁移能力。

（1）植物修复技术。植物修复又称绿色修复，是以植物忍耐、分解或超量积累某种或某些化学元素的生理功能为基础，利用植物及其共存微生物体系，吸收、降解、挥发和富集环境中污染物的一项环境污染治理技术。超量累积植物是指那些对某些重金属具有特别的吸收能力（超过一般植物 100 倍以上的植物），而本身不受毒害的一些植物。一般，植物体内重金属临界含量为 Zn:10000mg/kg，Cd:100mg/kg，Au:1mg/kg，Pb、Cu、Ni、Co 均为 1000 mg/kg。富集系数（BCF）和转运系数（TF）都应该大于 1。

富集系数＝（地上部分器官中重金属含量／土壤中重金属含量）×100

转运系数＝（茎叶中重金属含量／根部重金属含量）×100

根据植物修复机理的不同，重金属污染的植物修复主要包括植物萃取、根际过滤、植物蒸发和植物固定。它们分别是利用植物的不同生理生化特性来固定、转移或转化土壤中的重金属。因自然界中超富集植物种类多且该项技术对生态环境破坏小、操作简单、成本低等，植物修复技术已成为国内外环境生物学研究的热点和前沿领域。

（2）土壤微生物修复技术。指利用微生物改变金属存在的氧化还原状态及吸附积累重金属的作用从而降低土壤中重金属毒性的一项技术。一些微生物对特定的某些元素有氧化或还原作用，我们就利用这些性质将土壤中的重金属元素释放出来，例如，利用细菌或真菌等微生物将甲基汞和离子态汞变成毒性小且易挥发的单质汞。另一些微生物与重金属有很强的亲和性，能富集多种重金属。如藻类对铜、铅、镉等都有吸收富集作用。

（3）动物修复技术。有些土壤动物如蚯蚓可以吸收土壤或污泥中的重金属，还能促进土壤中一些农药降解，但目前关于动物修复的研究较少且不深入。

（4）根际生物降解修复技术。即利用微生物与植物联合修复，通过利用植物根际菌根真菌、专性或非专性细菌等微生物的降解作用来转化污染物，降解或彻底消除其生物毒性，达到修复被污染土壤的目的。该技术能克服植物修复和微生物修复的某些缺点。植物不仅可以提供土壤微生物生长的碳源和能源,又能将大气中的氧气经叶、茎传输到根部,扩散到周围形成氧化的微环境,增强好氧微生物的活性,植物也能释放一些物质到土壤中,刺激根区微生物的活性,而微生物也能促进植物生长,增强其环境适应能力,提高修复效率等。

二、土壤有机污染的修复

土壤有机污染的修复方法主要包括物理化学修复方法、生物修复方法(植物修复方法和微生物修复方法)等。

1. 物理化学修复方法

通过溶剂洗脱、热脱附、吸附和浓缩等物理化学过程,可以将有机化合物从土壤中除去,从而修复有机污染土壤。其中,土壤淋洗技术是先用水或含有某些能够促进土壤环境中污染物溶解或迁移的化合物(或冲洗助剂)的水溶液注入被污染的土壤中,然后再将这些含有污染物的水溶液从土壤中抽提出来,并进一步处理的过程。热脱附法是指通过加热将土壤中污染物变成气体从土壤表面或孔隙中除去的方法。目前热处理包括水蒸气蒸馏法、高频电流加热法、微波增强的热净化法等。此法适用于清除挥发和半挥发性成分,并且对极性化合物特别有效。化学降解是使土壤中的有机化合物分解或转化为其他无毒或低毒性物质而得以除去的方法。主要包括化学修复技术、光催化修复技术、电化学修复技术、微波分解及放射性辐射分解修复技术等。

2. 生物修复方法

生物修复技术日益成为人为调控农药污染研究的热点。生物修复技术是指充分利用土壤微生物对有机物的降解作用,并采用人工调控措施,调节微生物或酶的活性,强化其对有机物的降解功能,从而加快有机物的降解速度,以达到人们期望的降解效果。这是一项崭新的土壤污染治理技术,其在工程应用实践方面还有很多空白,但也具备了大力发展的工作基础。这一技术的研究始于20世纪80年代中期欧洲的一些发达国家,目前德国、丹麦和荷兰在这方面处于领先地位,英、法、意及一些东欧国家紧随其后。美国和日本也在生物修复研究与应用方面投入了大量的精力,特别是在产业化开发方面,已将高效降解菌开发成各种生物制剂,使之商品化,促进了相应产业的发展,在该领域居于国际领先水平。国内也有一些单位利用土著微生物进行土壤污染的生物修复研究,但目前尚属起步阶段。生物修复中的微生物修复法可根据利用的微生物来源分为3种类型:土著微生物、外来微生物和基因工程菌。顾名思义,土著微生物是指在原污染土壤中经自然驯化和选择过程产生的一些特异微生物。它能在污染物的诱导下产生分解污染物的酶系,进而使污染物分解转化。目前大多数生物修复工程都是通过调控土著微生物进行的。由于土著微生物存在生长速度太慢、代谢活性不高,或者由于污染物浓度高造成土著微生物数量下降等缺点。人们尝试了运用筛选和接种一些高效降解菌株进行外来微生物修复试验。但在外来微生物接种时,会受到土著微生物的竞争,需要大量的接种微生物形成优势,以便迅速开始生物降解过程。随着遗传工程技术的发展,酶工程技术与基因工程菌的研究引起了人们的普遍兴趣。采用细胞融合技术等手段可以将多种降解基因转入同种微生物中,使之具有广谱的降解能力。当然,基因工程菌引入现场环境后也会与土著微生物发生激烈的竞争,必须有足够的存活时间才能使目的基因得以稳定地表达出特定的产物—特异酶。因此,需要在投放基因工程菌的初期通过添加碳源、氮源等方法进行调控,促进其增殖,并表达出目的产物。目前生物修复技术在欧美等国仍处于实验室小试和中试阶段,实际应用的例子也有一些,但为使其发展成为一项成熟可靠的技术,还需要多学科研究人员进行全面系统的研究。

三、植物修复方法

有机污染物的植物修复是利用植物在生长过程中,吸收、降解、钝化有机污染物的一种原位处理污染土壤的方法。

1. 植物修复的方式

(1)植物提取。植物直接吸收有机污染物,并在体内蓄积,植物收获后才进行处理。收获后可以进行热处理、微生物处理和化学处理。

(2)植物降解。植物本身及其相关微生物和各种酶系将有机污染物降解为小分子的二氧化碳和水,或转化为无毒性的中间产物。

(3)植物稳定。植物在与土壤的共同作用下,将有机物固定,并降低其生物活性,以减少其对生物与环境的危害。

(4)植物挥发。植物挥发是与植物吸收相连的,它是利用植物的吸取、积累、挥发而减少土壤有机污染物。

2. 植物修复的机制

植物主要通过3种机制降解、除去有机污染物:植物直接吸收有机污染物、植物释放分泌物和酶,刺激根际微生物的活性和生物转化作用、植物增强根际的矿化作用。

(1)植物对有机污染物的直接吸收作用

植物从土壤中直接吸收有机物,然后将没有毒性的代谢中间体储存在植物组织中,这是植物除去环境中中等亲水性有机污染物(辛醇—水分配系数为 $lgK_{OW}=0.5\sim3.0$)的一个重要机制。疏水有机化合物($lgK_{OW}>3.0$)易被根表强烈吸附而难以被运输到植物体内,而比较容易溶于水的有机物($lgK_{OW}<0.5$)不易被根表吸附而易被运输到植物体内。化合物被吸收到植物体内后,植物根对有机物的吸收直接与有机物的相对亲脂性有关。这些化合物一旦被吸收后,会有多种去向:植物可将其分解,并通过木质化作用将其成为植物体的组成部分,也可通过挥发、代谢或矿化作用使其转化成二氧化碳和水,或转化成为无毒性的中间代谢物如木质素,储存在植物细胞中,达到除去环境中有机污染物的目的。环境中大多数BTEX(苯、甲苯、乙苯、二甲苯等苯系)化合物,含氯溶剂和短链的脂肪化合物都是通过这一途径除去的。环境中微量除草剂阿特拉津可被植物直接吸收。

(2)植物释放分泌物和酶除去环境中有机污染物

植物可释放一些物质到土壤中,以利于降解有毒化学物质,并可刺激根际微生物的活性。这些物质包括酶及一些有机酸。它们与脱落的根冠细胞一起为根际微生物提供重要的营养物质,促进根际微生物的生长和繁殖。其中的有些分泌物也是微生物共代谢的基质。研究表明,植物根际微生物明显比空白土壤中多,这些增加的微生物能增加环境中的有机物质的降解。

(3)根际的矿化作用除去有机污染物

根际是受植物根系影响的根—土界面的一个微区,也是植物—土壤—微生物与其环境条件相互作用的场所。这个区与无根系土体的区别即是根系的影响。由于根系的存在,增加了微生物的活动和生物量。微生物在根际区和根系土壤中的差别很大,一般为 $5\sim20$ 倍,有的高达 100 倍。这种微生物在数量和活动上的增长,很可能是使根际非生物化合物代谢降解的因素。植物促进根际微生物对有机污染物的转化作用,已被很多研究所证实。植物根际的菌根真菌与植物形成共生作用,有其独特的酶途径,用以降解不能被细菌单独转化的有机物。植物根际分泌物刺激了细菌的转化作用,在根区形成了有机碳,根细胞的死亡也增加了土壤有机碳。这些有机碳的增加,可阻止有机化合物向地下水转移,也可增加微生物对污染物的矿化作用。另有研究发现,微生物对阿特拉津的矿化作用与土壤有机碳成分直接相关。

随着人类重视程度的提高以及科学研究的不断深入,土壤污染物治理取得了一定的进展。当前生物修复技术因其成本低、无二次污染、修复效果彻底等显著优点,成为环境污染治理最有前景的手段。随着生物降解途径机理的逐渐明了,特别是基因序列研究的不断深入,遗传调控机制和高效基因工程菌研究进程与应用的推进,人类对大气、水体、土壤等各环境体系污染的综合治理一定能够提出更加有效的技术手段和措施。建立在生物技术基础上的环境污染修复研究必将具有十分广阔的发展前景。

第四章 肥料中潜在有害因子的迁移及其控制研究

第一节 三聚氰胺在土壤-水稻系统中的迁移及其控制研究

一、引言

国内外研究表明,植物细胞不仅能够通过细胞膜上的载体蛋白运输氨基酸、多肽等大分子有机物质,而且能通过胞饮作用吸收土壤中部分大分子物质。Balke 等(1988)研究指出,燕麦的根毛细胞能吸收除草剂环丙氨嗪,而环丙氨嗪与三聚氰胺分子具有相同的三嗪骨架。Bowman 等人(1991)研究表明,随着三聚氰胺浓度处理的增加,黑麦草叶片中的氮素含量显著提高,而仅靠三聚氰胺代谢分解不能达到上述效果,推测植物能吸收并转移分子态三聚氰胺。Simoneaux 和 Marco 通过^{14}C 标记环丙吗嗪,指出环丙吗嗪能代谢生成三聚氰胺,并在生菜和芹菜组织内形成残留。韩冬芳等(2010)研究指出,大白菜可通过根或茎叶吸收三聚氰胺分子,且施加浓度越高,吸收的量越大。王亭亭等报道,青菜、马铃薯和小麦均能吸收土壤中三聚氰胺,在植物组织内形成残留,并随着土壤中三聚氰胺浓度的升高,植物组织对三聚氰胺的吸收显著增加。然而,白由路(2010)通过小麦和玉米的盆栽试验,采用高效液相色谱法分析了植株体内三聚氰胺和三聚氰酸的残留量,得出两种植物不能直接吸收和转移土壤中的三聚氰胺。总体上,目前国内外关于三聚氰胺在土壤-作物系统中的迁移研究报道较少,更多的研究则通过探讨与三聚氰胺具有类似结构的三嗪类其他化合物的环境行为来推测三聚氰胺在环境中的迁移情况,而关于三聚氰胺在水稻-土壤系统中的迁移规律的研究更少。本章以水稻为供试作物,水稻土和黑土为供试土壤,采用^{15}N 同位素稀释法,研究了两种类型土壤中三聚氰胺的降解动态及水稻的吸收效应,同时考察了氮肥对水稻吸收三聚氰胺的影响,在此基础上,从农田土壤中成功分离出了 1 株高效降解三聚氰胺的菌株,并采用微生物生物炭固定法,对两种类型土壤中的三聚氰胺进行了微生物降解试验,研究结果可为土壤中三聚氰胺的生物修复,控制肥料中三聚氰胺的危害风险提供技术支持。

二、土壤中三聚氰胺的降解动态与水稻的吸收效应

1. 材料与方法

(1)仪器:三重四级杆液相质谱联用仪(TSQ Quantum Ultra),赛默飞(中国)有限公司;万能油麦粉碎机;超声仪(EDAA-2500TH),上海安谱科学仪器有限公司;高速冷冻离心机(Microfuge-22R),贝克曼库特商贸(中国)有限公司;氮吹仪(ANPEL DC12),上海安谱科学

仪器有限公司。

（2）试剂：三聚氰胺标准品（纯度≥99％），$^{15}N_3$-三聚氰胺标准品（纯度≥99.1％，丰度≥99.5 atom％^{15}N），均由上海化工研究院提供。乙腈、甲醇均为色谱纯，氨水、三氯乙酸、乙酸胺为分析纯，均由上海国药集团提供。

（3）土壤与供试水稻品种：水稻土和黑土分别取自上海市青浦区和吉林省松原市农田0～20cm表层土壤，基本理化性质见表4-1。水稻品种为宝农34。

表 4-1　供试土壤理化性质

供试土壤	pH	土壤有机物含量（g/kg）			阳离子交换容量（cmol/kg）	机械组成（％）		
		有机质	全氮	全磷		沙粒	粉粒	黏粒
水稻土	7.82	16.88	1.27	1.28	16.80	50.49	27.37	22.14
黑土	6.74	31.57	2.35	1.22	26.76	38.22	25.51	36.27

2. 土壤降解与水稻吸收效应

（1）土壤降解实验：将三聚氰胺用20％甲醇溶液溶解后，分别加入水稻土和黑土中不断翻动使其混合均匀，配制成50、100、200和400mg/kg的土壤样品，共8个处理，每处理2.5kg置于塑料桶（内径25cm，高25cm）中。保持含水量在20％左右，在试验1、4、16、32、64和128d时，分别取各桶内表层（0～15cm）土壤20g左右，参照孙明星（2012）的实验方法，采用 HPLC 检测土壤中三聚氰胺的残留量。

（2）水稻吸收效应：将$^{15}N_3$-三聚氰胺与三聚氰胺以1/99（w/w）的比例混合，溶解于20％甲醇溶液后加入水稻土和黑土中，均匀搅拌形成含有三聚氰胺浓度分别为50、100、200、400和800mg/kg的土壤样品；同时设置含不同浓度三聚氰胺处理土壤分别加入25mg/kg尿素，另再设置两种土壤的空白处理，共24个处理，每个处理2个重复。每份土壤置于塑料桶（高30cm，内径32cm）中，种植8株稻苗。整个生长期保证水稻的所需水分，不施加任何农药与其他化肥。

（3）水稻取样：水稻成熟后，从土壤中取出整株，用水冲洗干净，再用滤纸吸干表面水分，测量各处理株高、根长、干重和千粒重。

（4）三聚氰胺和$^{15}N_3$-三聚氰胺含量检测：将籽粒脱壳，50℃烘干，研磨成粉。称取干燥的水稻籽粒粉末2.00g于250mL三角瓶中，加入40mL 1％的三氯乙酸提取液。20℃下超声提取15min，接着在0℃、10000r/min的条件下离心5min；离心后取3mL上清液过 MCX 固相萃取柱，用氨水/甲醇（5/95，v/v）溶液洗脱，N_2吹干后用90％乙腈溶液溶解至5mL，取1mL通过0.22μm有机滤膜过滤，LC-MS/MS 检测。色谱质谱条件见2.2.1。

（5）数据处理：使用 Origin8.5 中 Logistic 模型拟合三聚氰胺质量降解率与时间的关系曲线，建立三聚氰胺在两种类型土壤中的降解动态方程。

拟合质量降解率所用的 Logistic 公式为

$$Y = A_2 + (A_1 - A_2)/[1 + (t/t_0)^p] \tag{4-1}$$

式中：Y 为土壤中三聚氰胺质量降解率（％）；A_1 为土壤中三聚氰胺初始质量降解率（％）；A_2 为土壤中三聚氰胺的最终质量降解率（％）；t 为降解时间；p 为降解控制参数（无纲量）。

本试验中试样为人工配制，初始状态三聚氰胺尚未发生降解，因此 $A_1 = 0.0$，即公式简化为：

$$Y = A_2 - A_2/[1 + (t/t_0)^p] \tag{4-2}$$

当 $t = t_0$ 时，$Y = A_2/2 = (A_2 - A_1)/2$，因此 t_0 为质量降解率达到一半所需的时间，即半降解时间。

3. 结果与分析

(1)不同类型土壤中三聚氰胺的降解动态

由图4-1可知,随着处理时间的延长,黑土和水稻土中三聚氰胺的浓度均逐渐下降,呈现初期降解快,后期降解慢的特征。其中,处理前期三聚氰胺浓度迅速下降,降解速率增加明显;32d后,降解趋于平缓。处理128d后,在三聚氰胺初始浓度为50、100、200和400 mg/kg的土壤样品中,三聚氰胺在水稻土中的降解率分别为50.10%、68.18%、56.89%和52.87%;在黑土中的降解率则分别为57.20%、71.18%、57.71%和55.08%。两种土壤中三聚氰胺的降解动态没有表现出显著差异,但其降解动态规律均符合Logistic方程 $Y = A_2 + (A_1 - A_2)/[1 + (t/t_0)^p]$,且拟合系数均在0.95以上,其降解动力学模型各参数见表4-2。从表4-2中可见,随着土壤中三聚氰胺浓度的增加,其半降解时间逐渐缩短,推测其原因是土壤中三聚氰胺含量的增加,为土壤微生物提供了更为丰富的碳源,从而提高了土壤中三聚氰胺降解菌的数量和生物活性。

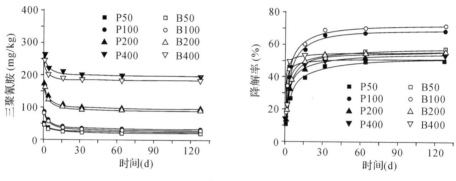

图 4-1 两种土壤中不同浓度三聚氰胺的降解动态

注:P:水稻土;B:黑土;50、100、200、400 为土壤中三聚氰胺的添加量(mg/kg)

表 4-2 Logistic 降解动力学模型中各参数及统计指标

土壤类型	$S_{起}$(mg/kg)	A_1(%)	A_2(%)	t_0(d)	p	R^2
水稻土	50	0	52.98	4.08	0.90	0.986
	100	0	69.31	3.29	1.11	0.990
	200	0	53.99	2.82	1.02	0.984
	400	0	51.28	0.45	0.87	0.952
黑土	50	0.01	59.35	3.14	0.87	0.993
	100	0.73	74.03	2.70	0.89	0.990
	200	0	56.11	1.91	0.96	0.997
	400	0	54.41	0.41	0.99	0.985

（2）水稻籽粒对不同土壤中三聚氰胺的吸收效应

a）水稻籽粒对三聚氰胺的吸收

表 4-3 为水稻籽粒对不同处理土壤中三聚氰胺的吸收及其与 $^{15}N_3$-三聚氰胺的浓度比例。表中可以看出，$^{15}N_3$-三聚氰胺与三聚氰胺的比例均在 1% 左右，与处理土壤比例一致，并且对照土壤水稻籽粒中均未检出三聚氰胺，表明处理土壤籽粒中的三聚氰胺均来自土壤。

两种土壤中水稻对三聚氰胺的吸收研究表明，随着土壤中三聚氰胺浓度的增加，水稻籽粒对三聚氰胺的吸收显著增加。不同土壤之间差异性分析显示，水稻籽粒对黑土中三聚氰胺的吸收低于水稻土，对高浓度三聚氰胺的吸收差异尤其显著。当土壤中三聚氰胺浓度为 50、100、200 和 400mg/kg 时，水稻籽粒对黑土中三聚氰胺的吸收分别比水稻土低 32.23%、33.67%、30.34% 和 89.0%，与水稻土相比，黑土有机质含量丰富，机械结构更富有黏性，可能影响了水稻对三聚氰胺的吸收。

表 4-3　不同处理土壤水稻籽粒中三聚氰胺与 N^{15}-三聚氰胺的浓度

土壤类型	土壤三聚氰胺(mg/kg)	三聚氰胺			三聚氰胺+尿素		
		三聚氰胺(mg/kg)	N^{15}-三聚氰胺(mg/kg)	N^{15}-三聚氰胺占三聚氰胺比例(%)	三聚氰胺(mg/kg)	N^{15}-三聚氰胺(mg/kg)	N^{15}-三聚氰胺占三聚氰胺比例(%)
水稻土	50	1.21	0.011	0.96	1.36	0.013	0.97
	100	1.99	0.019	0.95	2.16	0.022	1.04
	200	3.23	0.034	1.02	3.55	0.036	1.02
	400	4.72	0.046	0.98	5.32	0.049	0.94
黑土	50	0.82	0.008	1.03	0.99	0.009	0.97
	100	1.32	0.014	1.05	1.48	0.014	0.99
	200	2.25	0.024	1.08	3.08	0.034	1.09
	400	3.83	0.038	0.99	4.87	0.052	1.06

b）氮肥对水稻吸收三聚氰胺影响

施加氮肥对水稻吸收三聚氰胺影响研究结果（图 4-2）表明，氮肥可以促进水稻对土壤中三聚氰胺的吸收，与无氮肥处理相比，当土壤中三聚氰胺浓度为 50、100、200 和 400mg/kg 时，施加氮肥导致水稻籽粒对黑土和水稻土中三聚氰胺浓度分别增加 12.39%～18.54% 和 12.12%～36.89%，其中，高浓度时尤为显著，这一结果与王亭亭对小麦吸收三聚氰胺研究结果相符（图 4-2）。

（3）三聚氰胺对水稻生长的影响

水稻样品成熟后，对每个处理中的株高、根长、干重和千粒重进行测量，考察三聚氰胺对水稻生长的影响（图 4-3、图 4-4）。结果表明，土壤中低浓度三聚氰胺可以促进水稻生长，而高浓度将抑制水稻生长。与对照相比，土壤三聚氰胺浓度为 50mg/kg 和 100mg/kg 时可增加水稻的生物量（株高、根长和干重），而 400mg/kg 的高浓度处理大大降低了生物量，浓度达到 800mg/kg 时水稻生长完全受到抑制。从水稻产量结构分析中可以看出，当土壤中三聚氰胺浓度为 50、100 和 200mg/kg 时，水稻土中水稻千粒重分别比对照增加 19.11%、

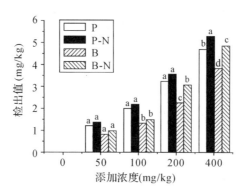

图 4-2　水稻籽粒对土壤中三聚氰胺的吸收

注:P:水稻土;B:黑土;N:氮肥;a、b、c、d 表示同一添加浓度下各处理的差异显著性。

38.11％和 14.06％,黑土中则分别增加 18.64％、19.28％和 7.20％,相反,当土壤中三聚氰胺浓度为 400mg/kg 时,分别比对照降低 39.83％和 32.48.％,且上述效应均达到极显著水平。由于黑土有机质含量高于水稻土,同浓度三聚氰胺处理下,黑土中的水稻生物量均高于水稻土,而三聚氰胺对水稻生物量的影响规律在两种土壤中均表现一致。

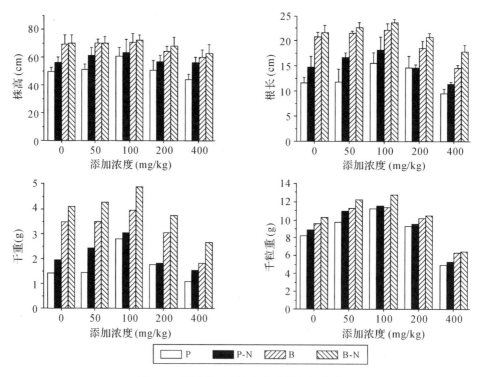

图 4-3　不同处理土壤中水稻的生长状况

注:P:水稻土;B:黑土;N:氮肥。

图 4-4　各处理组的水稻的生长状况

三、三聚氰胺降解菌的分离鉴定及其生物炭固定化研究

1. 材料与方法

(1)仪器:UV-2401PC 紫外分光光度计,岛津(中国)有限公司;PE200 高效液相色谱仪,Perkin Elmer 公司;EDAA-2500TH 超声仪,上海安谱科学仪器有限公司;Microfuge-22R 离心机,贝克曼库尔特商贸(中国)有限公司;ANPEL DC12 氮吹仪,上海安谱科学仪器有限公司;LifeTouch-BYQ6072 PCR 仪,杭州博日科技有限公司;JY-600C 三恒电泳仪,上海汗诺仪器有限公司;Tecnai G2 Spirit Biotwin 透射电子显微镜,FEI。

(2)试剂:三聚氰胺标准品(纯度≥99%)由上海化工研究院提供,乙腈、甲醇(色谱纯)、氨水、柠檬酸、庚烷磺酸钠由上海国药集团提供;PCR 和电泳等试剂由上海星汉生物科技有限公司提供,PCR 引物合成及其序列测定由上海赛百盛基因技术有限公司完成。

(3)培养基:富集培养基的组分为 K_2HPO_4(0.1g/L),$MgSO_4 \cdot 7H_2O$(0.2g/L),$(NH_4)_2SO_4$(0.1g/L),$CaSO_4$(0.05g/L),$FeSO_4 \cdot 7H_2O$(0.002g/L),葡萄糖(10.0g/L),蛋白胨(5.0g/L),pH 为 7.0;基础培养基的组成为 K_2HPO_4(0.2g/L),$MgSO_4 \cdot 7H_2O$(0.4g/L),$(NH_4)_2SO_4$(0.2g/L),$CaSO_4$(0.1g/L),$FeSO_4 \cdot 7H_2O$(0.002g/L),pH 为 7.0;筛选培养基的组成为 K_2HPO_4(0.75g/L),$MgSO_4 \cdot 7H_2O$(0.1g/L),$(NH_4)_2SO_4$(0.8g/L),$KH_2PO_4$0.5g/L),NaCl(1.0g/L),琼脂(2.0%),pH 为 7.0;Luria-Bertani 培养基组分为胰蛋白胨(10g/L),酵母提取物(5g/L),NaCl(10g/L),pH 为 7.0。

(4)供试土壤:试验用水稻土和黑土分别采自上海市闵行区浦江镇和吉林省松原市农田土壤,土壤过 0.385mm 筛备用,理化性质见表 4-1。

(5)菌株的富集与筛选

a)降解菌的富集培养:称取多年施用灭蝇胺的农田土壤于含三聚氰胺的富集培养基中,37℃,180r/min 培养条件下,摇床培养 7d 后,以 10wt% 的接种量,转接到含有三聚氰胺的富集培养基中,共转接 4 次。

b)降解菌的驯化培养:取步骤 a 中培养的最终富集菌液,以 10wt% 的接种量转接到基础培养基中,添加三聚氰胺进行驯化培养,培养条件 37℃,180r/min,摇床培养 7d,如此重复进行 3 次驯化。

c)降解菌平板划线分离单菌落:取步骤 b 中培养的最终驯化菌液稀释 10^2 后,划线涂布于 LB 固体培养基平板上,37℃恒温倒置培养 5d,获得降解菌的单菌落。

d)降解菌筛选:将分离获得的单菌落,点涂于添加有三聚氰胺的筛选固体培养基平板中,37℃恒温倒置培养 7d,挑选能够生长并且有明显透明圈的菌株,作为筛选的以三聚氰胺为唯一碳源的降解菌株,并作为目标菌株保存备用。

(6)菌种的鉴定

a)形态学鉴定:分别用光学和透射电子显微镜观察降解菌的形态。

b)分子鉴定:AXYGE 细菌基因组提取试剂盒提取菌株的总 DNA,采用引物 5'-AGAGTTTGATCCTGGCTCAG-3'(上游)和 5'-TACGGCTACCTTGTTACGACTT-3'(下游),以菌株基因组 DNA 为模板进行 PCR 试验:94℃变性 1min,56℃复性 1min,72℃延伸 90s,35 次循环,72℃延伸 10min。扩增产物通过 1%琼脂糖凝胶电泳检测,按凝胶回收试剂盒说明书对目的片段进行回收。接着采用 pMD 18-T 载体,建立 $10\mu L$ 连接体系,16℃条件过夜。再采用 $CaCl_2$ 方法制备 E.coli 感受态细胞并进行转化,过扩大培养阳性克隆子菌落,直接送样测序。测序结果与 NCBI 中的 16SrRNA 序列进行同源性比对,然后用软件 MEGA6 进行菌株的系统发育树的构建。

c)生理生化鉴定:通过形态鉴定和分子鉴定结果,再参照文献对菌株进行生理生化鉴定,所用试剂盒为非肠道革兰阴性菌鉴定试剂盒(BIO-KONT 20E)。结合系统发育树和生理生化鉴定结果,确定菌株的种属关系。

(7)初始 pH 值和温度对降解菌株生长的影响

将降解菌株制成 $A_{600}=1.0$ 的菌悬液,吸取等量菌悬液以 1%(v/v)分别接入到 pH 为 5、6、7、8、9 和 10 的含 30mg/L 三聚氰胺的无机盐培养基中,37℃培养,测定初始 pH 对菌株生长的影响;同样取等量菌液于 pH 为 7 的 30mg/L 三聚氰胺的无机盐培养基中在不同温度(27、32、37、42 和 47℃)条件下分别培养,比较温度对菌株生长的影响;试验皆取样测菌体 A_{600},设置 3 次重复、空白组为对照。

(8)降解率的测定

将降解菌株配置成 $A_{600}=1.0$ 的菌悬液,以 1%(v/v)分别接入含有 10、20、30、40、50mg/L 三聚氰胺的无机盐培养基中,37℃,180r/min 摇床培养,设置不接菌为对照,每个处理设置 3 个重复,间隔 1d 取样,连续 2 周。所取培养液直接过 MCX 固相萃取柱,用氨水甲醇溶液(5/95,v/v)洗脱,收集洗脱 N_2 吹干,用 20%甲醇溶液定容,过 $0.45\mu m$ 有机滤膜,用高效液相色谱检测其残留。色谱条件:色谱柱 SPHERI-5RP-18($5\mu m$,250mm×4.6mm),柱温为 30℃;流动相为乙腈/庚烷磺酸钠-柠檬酸缓冲液(15/85,v/v),缓冲液配比为每 500mL 水含 1.01g 庚烷磺酸钠和 1.05g 柠檬酸;进样量 $10\mu L$,流速 1.0mL/min,紫外检测器波长 240nm。通过 HPLC 检测出样品中三聚氰胺的残留浓度,降解率计算公式如下:

$$降解率(\%)=[1-(处理组残留浓度/对照组残留浓度)]\times100\% \tag{4-3}$$

(9)菌株对三聚氰胺的降解动力学分析

为了解菌株降解规律,采用下列描述底物浓度和降解速率之间定量关系的 Monod 方程,研究分析菌株对三聚氰胺的降解动力学:

$$\frac{1}{v}=K_m/(v_{max}S)+1/v_{max} \tag{4-4}$$

式中:K_m 为米氏方程常数,mg/L;v、v_{max} 分别为底物的生物降解速率和最大底物的生物降解速率,mg/(L·h);S 为底物浓度,mg/L。

将培养 72~96h(对数期)中三聚氰胺的残留含量与时间的半对数图做线性最小二乘拟合,计算出不同三聚氰胺浓度对应的生物降解速率,然后采用双倒数法作图,得到 $\frac{1}{v}$ 与 $\frac{1}{S}$ 的关系,计算确定菌株对三聚氰胺的降解动力参数。

(10)生物炭及其固定化小球的制备

a)生物炭的制备:将风干后的樟树枝条在烘箱 80℃下烘干,用高速万能粉碎机进行破碎处理。再将其均匀装入不锈钢罐体(直径 50cm,长 80cm)压实,在限氧环境条件下,500℃恒温煅烧 4h,最终制得实验所需生物炭。

b)固定化小球的制备:称取 1.00g 生物炭,加入含有 10mL 菌悬液($A_{600}=1.0$)的锥形瓶中,摇床培养 12h。8000r/min 离心处理后获得吸附载体,并加入无菌水定容至 20mL 备用。将聚乙烯醇(PVA)和海藻酸钠(SA)按 10%+0.5%混合配成 50mL 水溶液,在水浴(90℃)中加热并连续搅拌溶解,冷却后(40℃左右)得混合胶体;加入 20mL 上述吸附载体,用无菌水定容至 100mL,充分混匀后,用一次性滴管将其滴入含有 4%CaCl$_2$ 的饱和硼酸溶液中(KOH 调 pH 值至 6.7),在 4℃下静置 24h,交联固化成球后,备用。

(11)固定化降解菌对土壤中三聚氰胺的降解

试验采用黑土和水稻土两种土壤,土壤样品经高压灭菌锅 120℃灭菌 20min,准确称取 500g 样品,置于 1000mL 烧杯中。加入 20%的三聚氰胺甲醇溶液,形成 50mg/kg 的土壤样品。两种土壤分别设置生物炭固定化菌、菌悬液、无菌生物炭固定化小球和空白对照四个处理,每处理重复 3 次。处理后的土壤样品置于温度 37℃、湿度 40%的恒温培养箱中,连续培养 35d,每隔 7d 取样,检测三聚氰胺残留量。在此基础上,分别设置 50、100、200 和 400 mg/kg 土壤三聚氰胺浓度梯度,研究三聚氰胺浓度对生物炭固定化降解菌降解效果的影响。试验数据分析采用 Excel、SPSS 和 Origin 统计学软件。

2. 结果与分析

(1)菌株生理生化特性

经过富集筛选后,共得到具有较强降解三聚氰胺的菌株 10 株,经进一步筛选确定 1 株对三聚氰胺具有较高降解效率的菌株,编号为 MB4。该菌株在 30mg/L 的三聚氰胺液体无机盐培养基中培养 10d,降解效率达到 81.67%,且降解重现性良好。菌株生理生化特性研究表明,在无机盐培养基上,菌落呈圆形,湿润,乳白色,边缘平整,表面凸起。生理生化反应见表 4-4。图 4-5 为 LB 液体培养基、37℃培养 12h 后,透射电子显微镜(20000×)观察现实的图片,菌体细胞为长杆状,无芽孢,长度 3.2~5.5μm,宽度 0.8~1.2μm。

表 4-4　菌株 MB4 的生理生化反应特征

鉴定项目	菌株 MB4	鉴定项目	菌株 MB4
β-半乳糖甙酶	+	葡萄糖发酵	—
色氨酸脱氨酶	—	甘露醇发酵	—
吲哚产生	—	肌醇发酵	—
V-P 试验	—	山梨醇发酵	—
柠檬酸利用	+	鼠李醇发酵	—

续表

鉴定项目	菌株 MB4	鉴定项目	菌株 MB4
H_2S 产生	—	蔗糖发酵	—
脲酶	+	蜜二糖发酵	—
精氨酸脱羧酶	—	阿拉伯糖发酵	—
赖氨酸脱羧酶	+	NO_3	+
鸟氨酸脱羧酶	—	氧化酶	—

注:+,反应为阳性;—,反应为阴性。

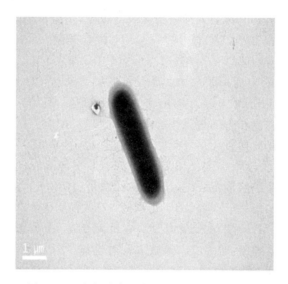

图 4-5　三聚氰胺降解菌株 MB4 透射电镜照片

(2)16SrRNA 序列分析

菌株 MB4 测序后的 16SrRNA 序列长度为 1468bp,将其与 NCBI 数据库中的序列进行 BLAST 比对,构建菌株 MB4 的系统发育树,结果见图 4-6。由图 4-6 可见,MB4 与菌株 AY741360.1(GenBank 序列登录号)的同源性达 99%,表明该菌株序列与洋葱伯克霍尔德

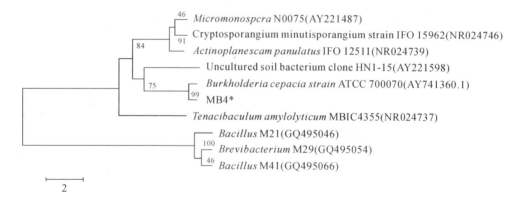

图 4-6　菌株 MB4 的系统发育树

菌属（*Burkholderia cepacia*）的 16SrRNA 序列具有很近的亲缘关系。结合菌株形态、生理生化性质，并参照《常见细菌系统鉴定手册》，将菌株 MB4 鉴定为洋葱伯克霍尔德菌（*Burkholderia cepacia*）。于中国微生物菌种保藏管理委员会普通微生物中心（CGMCC）保藏，保藏号为：CGMCC No. 9843。该菌株是一种广泛存在于土壤、水体、植物和人体中的革兰氏阴性细菌，也有报道指出该种属的一些细菌具有生物防治、促进植物生长和生物修复等功能。然而其作为三聚氰胺降解菌株却未见报道。

（3）菌株 MB4 生长及其对三聚氰胺的降解动力学分析

图 4-7 为菌株 MB4 的生长和三聚氰胺的降解曲线。图中可见，该菌株在 0~2d 时处于适应期，生长缓慢，对三聚氰胺的降解也较弱。2d 后，菌株开始利用三聚氰胺中的碳合成自身生长所需的营养物质，开始进入对数期，菌体量增加较快，对三聚氰胺的降解作用也增强。培养 5d 后，菌株处于最活跃阶段，生长量达到最大。6d 后对数期结束，菌株进入衰退状态，对三聚氰胺的降解趋缓。

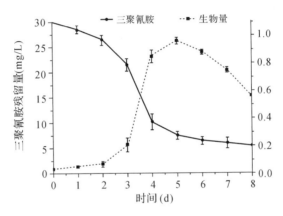

图 4-7　菌株 MB4 的生长和三聚氰胺的降解曲线

图 4-8 为采用 Monod 方程，通过双倒数法作图得到的 $1/v$ 与 $1/S$ 的关系曲线。图中可见，菌株 MB4 的降解速率在 10~50mg/L 三聚氰胺浓度时，呈现出较好的线性关系，其相关

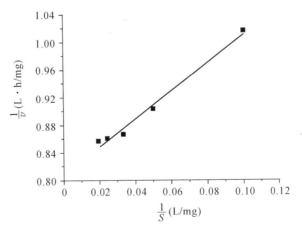

图 4-8　$\dfrac{1}{v}$ 与 $\dfrac{1}{S}$ 的关系曲线

系数 $R^2 = 0.9863$。菌株降解三聚氰胺的米氏方程为：

$$1/v = 2.052/S + 0.806 \tag{4-5}$$

式中：$K_m = 2.545\,\text{mg/L}$。当 S 远大于 $2.545\,\text{mg/L}$ 时，最大降解速率 $v_{max} = 1.24\,\text{mg/}$ $(\text{L} \cdot \text{h})$。说明，底物浓度在 $10 \sim 50\,\text{mg/L}$ 时 MB4 降解菌株具有快速降解能力。

(4)初始 pH 值和温度对降解菌 MB4 生长的影响

a)初始 pH 值对菌株 MB4 生长的影响：培养基的 pH 值会影响微生物对营养物质的吸收，从而促进或抑制微生物生长（郭雅妮等，2011）。将菌株 MB4 分别接种于初始 pH 值分别为 $5 \sim 10$ 含三聚氰胺的无机盐培养基中，研究了初始 pH 值对菌株 MB4 生长的影响。结果表明，菌株在中性和碱性（pH≥7）条件下，生长和繁殖较快，pH 为 8 时菌株生长量最大，A_{600} 达到 9.610；pH 为 9 和 10 时，菌株生长量较小；而 pH 为 5 和 6 时，菌株生长受到抑制且几乎停止繁殖（图 4-9）。因此，菌株 MB4 最适生长的初始 pH 值为 $7 \sim 8$。这是因为细菌大多数表面都带有负电荷，更适应中性或偏碱性的生长环境，而过高或过低的 pH 值均会使其表面电荷发生改变，影响菌体细胞对营养物质的吸收（余晨兴等，2007）。

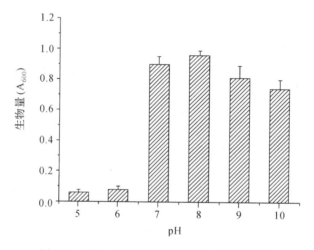

图 4-9 初始 pH 值对降解菌 MB4 生长的影响

b)温度对菌株 MB4 生长的影响：图 4-10 为不同温度条件下，菌株 MB4 在含三聚氰胺的无机盐培养基中的生长情况。图中可见，菌体生长量随着温度升高呈现先升高后降低的趋势，菌株的最适生长温度为 37℃。此时的生物量最大。这是因为随着温度的升高，菌体细胞代谢速率与生长速率均相应提高，而过高的温度将导致细胞中酶或核酸分子变性失活，影响菌株繁殖和发育。

(5)生物炭固定化降解菌对土壤中三聚氰胺的降解作用

图 4-11 为生物炭固定化降解菌对水稻土和黑土中三聚氰胺的降解作用。图中可见，无论是水稻土还是黑土，在 35d 培养期内，不添加菌和炭的对照组（PS-CK 和 BS-CK）中，几乎无三聚氰胺降解作用发生；菌液处理的水稻土（PS-B）和黑土（BS-B）中三聚氰胺的降解率分别为 14.67% 和 21.86%；生物炭处理后，一周内水稻土和黑土中三聚氰胺的含量分别下降了 13.6% 和 14.4%。这主要是由生物炭对三聚氰胺的吸附作用引起的；而添加生物炭固定化降解菌后，土壤中三聚氰胺的浓度显著下降，在 35d 培养期间，水稻土和黑土中三聚氰胺的浓度分别降低了 67.34% 和 70.66%，表现为生物炭固定化降解菌对黑土中三聚氰胺的降

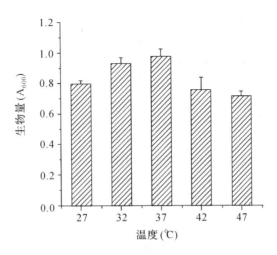

图 4-10　不同温度对降解菌 MB4 生长的影响

解作用优于水稻土。

　　表 4-5 为生物炭固定化降解菌对黑土中不同浓度三聚氰胺的降解作用，表中可见，经过 35d 培养后，生物炭固定化降解菌 MB4 对黑土中含有浓度为 50～400mg/kg 三聚氰胺的降解效率可达 52.83%～70.33%。其降解动态符合 Logistic 方程 $Y=A-A[1+(t/t_0)n]$，拟合系数均在 0.95 以上。式中 Y 为土壤中三聚氰胺浓度；A 为土壤中三聚氰胺的最终降解率；t 为降解时间；t_0 为半降解时间。

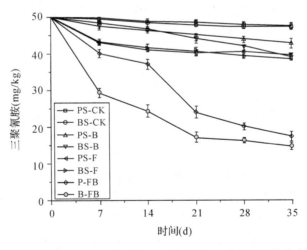

图 4-11　生物炭固定化降解菌对不同土壤中三聚氰胺的降解作用

表 4-5　生物炭固定化降解菌对黑土中三聚氰胺的 Logistic 降解动力学模型各参数及统计指标

$S_{起}$ (mg/kg)	A(%)	t_0 (d)	n	R^2
50	60.67	5.53	1.48	0.987
100	62.67	6.77	1.85	0.991
200	70.33	7.02	2.08	0.991
400	52.83	5.33	5.33	0.995

第二节　肥料中四环素类抗生素在土壤-作物系统中的迁移和风险控制研究

一、引言

四环素类抗生素(TCs)随污染粪肥施入农田系统后,会发生土壤中的吸附解吸、降解和作物吸收等环境行为。本章以一级反应动力学为模型建立抗生素在土壤中的降解动态,采用二室模型拟合抗生素在土壤和作物之间的迁移行为,构建肥料中的 TCs 在土壤－作物系统中的降解和迁移规律。在此基础上,研究了生物炭对作物吸收 TCs 的影响,并采用吸附等温线法,进一步探讨了生物炭对土壤肥料中 TCs 的吸附机制,为生物炭控制土壤－作物系统中 TCs 的迁移提供理论依据和技术支持。

二、降解动态与吸收实验

1. 材料与试剂

(1)仪器

PE200 高效液相色谱仪,Perkin Elmer 公司;

B5500S-DTH 超声仪,Branson Ultrasonics(上海)有限公司;

FG2-FiveGo™便携式 pH 计,Mettler Toledo(上海)有限公司;

SL 16 离心机,Thermo Fisher Scientific(上海)有限公司。

(2)试剂

土霉素(OTC)、四环素(TC)、金霉素(CTC)、强力霉素(DC)标准品:纯度 92%～98%,由 Dr. Ehrenstorfer(德国)公司提供。流动相中乙腈、甲醇为色谱纯,柠檬酸、磷酸氢二钠、乙二胺四乙酸二钠(Na$_2$EDTA)、氢氧化钠、草酸、提取液中甲醇为化学纯,由上海国药集团提供

2. 降解动态试验

参照 Boonsaner(2010)等的方法,准确称取 2.00g 干燥土壤于 50mL 离心管中,加入 0.2mL 的 2000mg/L TCs 标准溶液,配制成 200mg/kg 干重的土壤样品,加入 0.8mL 去离子水,使含水率达到 40%(w/w),涡旋混匀。将 21 管装有上述样品的离心管密封后置于温室中,分别于 0、3、6、12、24、36 和 48 小时后各取出 3 管,按照文献的方法进行提取和检测。在 Origin Pro 2015 SR2 中对实际测量结果进行拟合并作图。

用一级反应动力学模型分析 TCs 在土壤中的降解情况,方程经变换后如下:

$$\ln C_t = 1kt + \ln C_0 \tag{4-6}$$

其中,t 为反应时间(h),C_0 和 C_t 分别为初始和 t 时刻土壤中 TCs 的浓度(mg/kg 干重),k 为降解速率常数(h^{-1})。TCs 在土壤中降解的半衰期与初始浓度无关[85.130],其计算公式为:

$$t_+ = \frac{\ln 2}{k} \tag{4-7}$$

3. 作物吸收试验

称取一定量的 TCs 标准品溶于水中,加入含 1% 有机肥的土壤中,使其最终浓度为 200mg/kg 干重。TCs 与土壤充分混合后,装入花盆(内径 12cm,高 9cm)中,移入成熟的生菜(*Lactuca sativa* L.)植株。在不同时间点取 2 盆,按照文献的方法对植株和土壤进行提取和检测。试验期间保证生菜所需的水分,不施加任何农药。采用二室模型(图 4-12)分析作物对 TCs 的吸收,方程组见下:

$$\frac{\mathrm{d}SW}{\mathrm{d}t} = -(k_R + k_U)SW + k_L P \tag{4-8}$$

$$\frac{\mathrm{d}P}{\mathrm{d}t} = k_U SW - k_L P \tag{4-9}$$

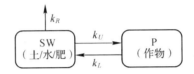

图 4-12　土壤－作物系统的二室模型示意图

其中,SW 和 P 分别表示土壤和作物中的 TCs 浓度,t 表示时间,k_R 代表水、肥料和土壤系统中 TCs 的转化反应,k_U 和 k_L 分别代表 TCs 在作物中的吸收和损失。求解该方程组,得到作物和土肥中 TCs 浓度与时间 t 的函数关系式为:

$$P = C_1 \mathrm{e}^{\lambda_1 t} + C_2 \mathrm{e}^{\lambda_2 t} \tag{4-10}$$

$$SW = \frac{\lambda_1 + k_L}{k_U} C_1 \mathrm{e}^{\lambda_1 t} + \frac{\lambda_2 + k_L}{k_U} C_2 \mathrm{e}^{\lambda_2 t} \tag{4-11}$$

其中,C_1、C_2、λ_1 和 λ_2 分别为:

$$C_1 = \frac{k_U SW_0}{\sqrt{k_L^2 + k_U^2 + k_R^2 + 2k_L k_U - 2k_L k_R + 2k_R k_U}} \tag{4-12}$$

$$C_2 = -C_1 \tag{4-13}$$

$$\lambda_1 = \frac{-k_R - k_L - k_U + \sqrt{k_L^2 + k_U^2 + k_R^2 + 2k_L k_U - 2k_L k_R + 2k_R k_U}}{2} \tag{4-14}$$

$$\lambda = \frac{-k_R - k_L - k_U - \sqrt{k_L^2 + k_U^2 + k_R^2 + 2k_L k_U - 2k_L k_R + 2k_R k_U}}{2} \tag{4-15}$$

式中,SW_0 表示土壤中 TCs 的初始浓度。使用遗传算法对实测数据进行拟合,计算过程和作图在 Matlab R2014b 中进行。遗传算法的参数包括:种群大小为 100,进化代数为 100,交叉率为 0.50,k_R、k_U 和 k_L 的范围为 0～1,其他参数为默认。由公式 4-11 至 4-16 可知,作物或土肥系统中的 TCs 浓度变化仅与 k_R、k_U 和 k_L 有关,故 TCs 在作物中的吸收达到最大值的时间应与初始浓度 SW_0 无关,此时作物中 TCs 浓度 P 关于时间 t 的导数 $\mathrm{d}P/\mathrm{d}t = 0$。根据公式 4-11 解得最大吸收时间为:

$$t_{\max} = \frac{1}{\lambda_2 - \lambda_1} \ln \frac{\lambda_1}{\lambda_2} \tag{4-16}$$

将 $t_{\max}$ 代入式 4-6,得到作物中的最大吸收浓度 $P_{\max}$ 与土壤中 TCs 初始浓度 SW_0 的关系式为:

$$P_{\max} = \frac{k_U}{\sqrt{k_L^2 + k_U^2 + k_R^2 + 2k_L k_U - 2k_L k_R + 2k_R k_U}} \left[\left(\frac{\lambda_1}{\lambda_2} \right)^{\frac{\lambda_1}{\lambda_2 - \lambda_1}} - \left(\frac{\lambda_1}{\lambda_2} \right)^{\frac{\lambda_2}{\lambda_2 - \lambda_1}} \right] SW_0 \tag{4-17}$$

（5）生物炭的制备

取适量稻壳置于马弗炉中,于600℃下恒温热解4h,冷却至室温后取出磨碎,过1mm筛备用。

（6）作物在含炭土壤中的吸收试验

称取一定量的TCs标准品溶于水中,与含2%稻壳生物炭的土壤(其中有机肥含量1%)充分混合,使其最终浓度为200mg/kg干重,对照土壤中不含生物炭,试验设2次重复。TCs与土壤混合均匀后,装入花盆(内径12cm,高9cm)中,移入生菜(*Lactuca sativa* L.)植株,并在不同处理时间各取2盆处理,按照文献的方法对植株和土壤进行TCs提取和检测。整个试验期间保证生菜所需的水分,不施任何农药。

（7）吸附等温线试验

用0.01mol/L NaNO$_3$配置2、5、10、20、50和100μg/mL的TCs标准品水溶液,取20mL倒入50mL离心管中,并加入不同吸附剂。其中,土壤或土壤混合稻壳生物炭的添加量为1.00g,稻壳生物炭的添加量为0.20g(2% w/w)。每个浓度水平设置一个不加吸附剂的空白对照。每种处理重复2次。用1%盐酸或1%NaOH调节各个离心管中液体的pH值至5.5,密封后置于暗室中,在室温下以200r/min振荡2天,离心,取上清液测量TCs浓度。实测数据在Origin Pro 2015 SR2中进行拟合并绘图,Freundlich模型见公式4-18,Langmuir模型见公式4-19。

$$Q = K_F C_e^n \tag{4-18}$$

$$Q = \frac{Q_{max} K_L C_e}{1 + K_L C_e} \tag{4-19}$$

其中,Q(mg/kg)和C_e(mg/L)分别为固相和液相中TCs的平衡浓度,K_F(mg^{1-n}L^n/kg)、K_L(L/mg)和n为常数,Q_{max}(mg/kg)表示最大吸附量。

三、结果与讨论

1. 土壤中抗生素降解动态

四种抗生素在土壤中的降解动态见图4-13,一级反应方程的拟合结果见表4-6。$P_r > F$均小于0.01,说明模型极显著,R^2均大于0.86,说明方程对实际数据的拟合情况良好,TCs在土壤中的降解符合一级动力学,四种抗生素在土壤中的降解速率依次表现为四环素≈金霉素＞土霉素＞强力霉素,速率常数分别为0.0053、0.0052、0.0047和0.0039 h^{-1}。强力霉素在土壤中降解慢的原因可能是因其苯环旁边羟基(R_2)的缺失使其较为稳定,故在土壤中降解较慢(Samanidou et al,2007)。

表 4-6　降解动态方程拟合参数

抗生素	k(h^{-1})	lnC_0	R^2	F 值	$P_r > F$
土霉素	0.0047	4.9580	0.9123	63.37	0.0005
四环素	0.0053	4.8951	0.9489	112.34	0.0001
金霉素	0.0052	4.9601	0.8621	38.50	0.0016
强力霉素	0.0039	5.1473	0.9426	99.51	0.0002

根据半衰期公式 4-17 计算得到土霉素、四环素、金霉素和强力霉素在土壤中的半衰期分别为 6.14、5.45、5.55 和 7.41d。事实上，TCs 在土壤中的降解与有机质含量、黏土成分比例、含水量、温度、pH 等多个因素有关，目前研究报道的 TCs 半衰期存在很大差异，如土霉素在土壤中的半衰期从 8.9h 到 240d 不等；四环素的半衰期低可至 7.43d，高可达 63.24d；金霉素从黑钙土中的 6.87d 到始成土中的 55.9d；关于土壤中强力霉素降解的报道较少，Szatmari 等（2012）报道了强力霉素在土壤不同深度的半衰期，各为 66.5d（0cm）、76.3d（25cm）和 59.4d（50cm）。各种抗生素在土壤中的降解快慢顺序也不尽相同，这与抗生素的来源途径、处理方式以及所在介质有很大关系。

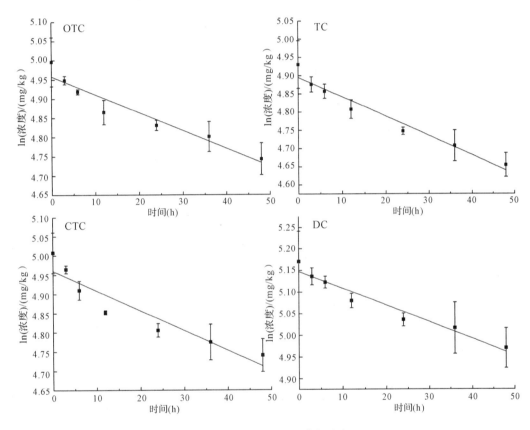

图 4-13　土壤中 TCs 降解动态

2. 作物的吸收效应

根据方程 4-7，通过拟合得到土霉素、四环素、金霉素和强力霉素在土壤-生菜系统中的一级降解速率各为 0.0040、0.0050、0.0051 和 $0.0036 h^{-1}$，与在土壤中的速率常数差别不大。这与 Hawker（2013）等的研究一致，说明 TCs 在土壤—生菜系统中的降解主要限于土/水/肥基质中，生菜对其的影响较小。

二室模型曲线见图 4-14，参数见表 4-7。由图 4-14 可以明显看出，随着时间的推移，TCs 在土壤中的浓度一直呈现下降的趋势，在生菜中则是先上升后下降，存在一个峰值。根据公式 4-17 计算得到，分别在生菜移栽 4.57、2.88、3.03 和 4.54d 后，对土霉素、四环素、金霉素和强力霉素累积吸收达到顶峰，最大值分别为 13.53（0.099 SW_0）、10.70（0.077 SW_0）、4.57

（0.028 SW_0）和13.50（0.080 SW_0）mg/kg 干重。可见,生菜对土霉素、四环素和强力霉素的吸收高于对金霉素的吸收。Hawker(2013)等报道,水稻（*Oryza sativa* L.）对土霉素和金霉素的吸收分别在1.03和2.76d达到最高,最大值分别为 2.47SW_0 和 32.2SW_0。除了与作物种类不同外,这种差异还可能与根际环境和土壤类型有关。

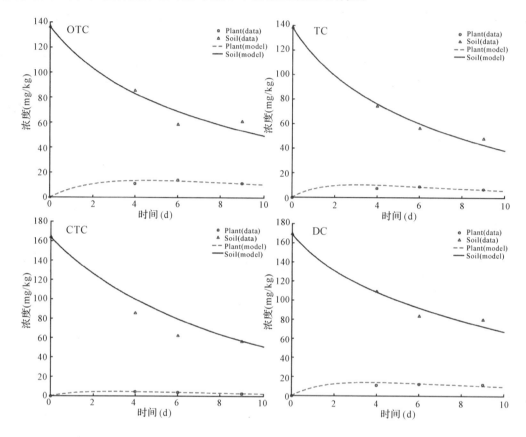

图 4-14　生菜吸收试验模型拟合图

表 4-7　土壤—作物系统的二室模型参数

抗生素	k_R, k_U, k_L	R^2（土壤,生菜）
土霉素	0.095,0.067,0.387	0.9575,0.9515
四环素	0.129,0.084,0.688	0.9911,0.8255
金霉素	0.116,0.029,0.701	0.9299,0.9987
强力霉素	0.087,0.055,0.421	0.9757,0.9264

3. 生物炭对生菜吸收四环素类抗生素的控制作用

生菜在普通土壤和混合生物炭土壤中对 TCs 的吸收情况见图 4-15。可以明显看到,添加生物炭后,生菜中吸收的土霉素、四环素、金霉素和强力霉素浓度均有下降,比未添加处理平均各降低了34.33%、34.76%、48.67%和40.64%,说明生物炭可以减少生菜对 TCs 的吸收,具有控制土壤 TCs 转移进入作物的潜力。关于生物炭控制作物吸收 TCs 的文献较少,但有关生物炭可使生菜对土壤中磺胺甲嘧啶的吸收降低 63%～86% 的研究已被报道。

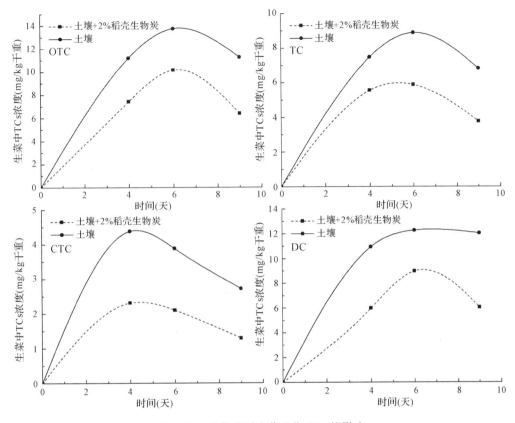

图 4-15　生物炭对生菜吸收 TCs 的影响

4. 吸附热力学模型

为了解释添加生物炭对生菜吸收 TCs 的影响,本章针对土壤、土壤混合稻壳生物炭和稻壳生物炭这三种吸附剂建立了吸附等温线,模型参数见表 4-8。土壤和土壤混合生物炭的等温线见图 4-16,稻壳生物炭的等温线见图 4-17。Freundlich 模型和 Langmuir 模型的 R^2 分别在 0.815～0.994 和 0.898～0.994,拟合效果良好。

表 4-8　三种吸附剂对 TCs 的吸附等温线参数

吸附剂	抗生素	Freundlich 模型			Langmuir 模型		
		K_F	n	R^2	Q_{max}	K_L	R^2
土壤	土霉素	346.56	0.74	0.994	2210.00	0.19	0.994
	四环素	663.71	0.71	0.955	2678.54	0.38	0.977
	金霉素	428.04	0.85	0.921	2522.73	0.23	0.943
	强力霉素	642.18	0.66	0.900	2372.64	0.45	0.936
土壤+2% 稻壳生物炭	土霉素	359.99	0.81	0.992	2920.06	0.15	0.992
	四环素	703.52	0.86	0.981	5069.32	0.17	0.985
	金霉素	535.00	0.87	0.922	2778.99	0.26	0.941
	强力霉素	675.00	0.69	0.899	2624.51	0.41	0.928

续表

吸附剂	抗生素	Freundlich 模型			Langmuir 模型		
		K_F	n	R^2	Q_{max}	K_L	R^2
稻壳生物炭	土霉素	430.60	0.53	0.815	3341.15	0.10	0.898
	四环素	668.12	0.54	0.961	5868.94	0.08	0.984
	金霉素	1187.58	0.70	0.944	6862.17	0.24	0.981
	强力霉素	905.75	0.67	0.928	10004.56	0.08	0.954

在 Freundlich 模型中,n 反映吸附剂对抗生素分子的吸附作用强度,K_F 与吸附相互作用和吸附量有关。土壤吸附 TCs 的 K_F 大小排序为:土霉素＜金霉素＜强力霉素＜四环素。稻壳生物炭吸附 TCs 的 K_F 大小排序则为:土霉素＜四环素＜强力霉素＜金霉素。土壤混合生物炭后,四种抗生素对应的 K_F 均有所提高,说明添加生物炭有利于土壤吸附 TCs 能力的提高。生物炭吸附抗生素对应的 n 值为 0.53～0.67,土壤则为 0.66～0.85。四种抗生素的 n 值均小于 1,说明 TCs 在土壤和生物炭上的吸附不是同质的,并且随着浓度增加,TCs 分子在土壤或生物炭上的吸附将变得困难,这可能与特异性结合位点被占满或者剩余位点对 TCs 分子的吸引力减弱有关。生物炭对应的 n 值小于土壤,说明"硬炭"上的表面吸附作用在生物炭上的比例更大,非线性吸附更主要,因此吸附量也更大。

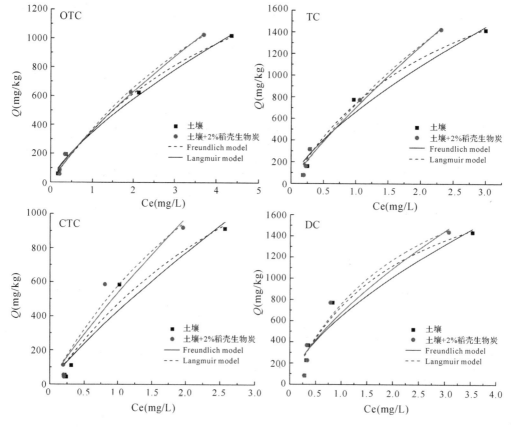

图 4-16　土壤及土壤混合 2％生物炭的 Langmuir 和 Freundlich 模型拟合图

吸附剂对 TCs 的最大吸附量可以由 Langmuir 模型获得。添加生物炭之后，土壤对土霉素的最大吸附量从 2210.00mg/kg 增加到 2920.06mg/kg，对四环素从 2678.54mg/kg 增加到 5069.32mg/kg，对金霉素从 2522.73mg/kg 增加到 2778.99mg/kg，对强力霉素从 2372.64mg/kg 增加到 2624.51mg/kg。土壤混合生物炭的最大吸附量比土壤大，可见生物炭增强了作物根系环境对 TCs 的吸附能力，有助于减少作物对 TCs 的吸收。

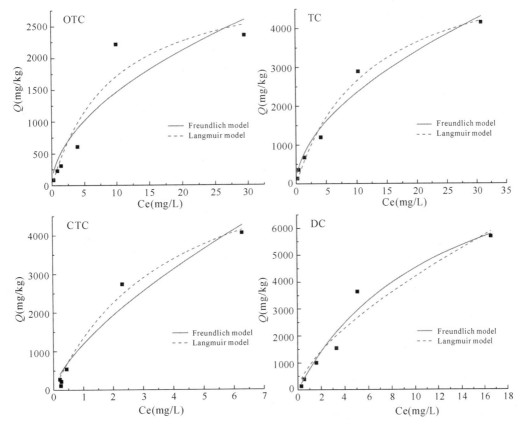

图 4-17　稻壳生物炭的 Langmuir 和 Freundlich 模型拟合图

第三节　生物炭基肥中多环芳烃的迁移及其风险控制研究

一、引言

开展肥料-土壤-作物系统中 PAHs 迁移规律的研究，对于确保农产品质量安全，促进污染土壤生物炭修复技术发展，具有重要的理论和现实意义。本章采用室内盆栽模拟试验，以农田土壤和工业污染土壤为对象，研究了自制生物炭、生物炭堆肥和市售生物炭基肥对 PAHs 在土壤-作物系统中迁移规律的影响，在此基础上，采用一级动力学方程，提出了生物炭基肥对土壤 PAHs 降解的动力学机制，建立生物炭基肥-蔬菜-土壤系统的分配吸附模型，为合理利用生物炭基肥，控制肥料中 PAHs 在农田土壤中的迁移风险提供科学依据。

二、降解与吸收实验

1. 试验材料

供试土壤采自上海市闵行区农田土壤和吴泾焦化厂工业污染土壤。生物炭有机肥和生菜种子购于上海本地市场,生物炭和生物炭堆肥为实验室制备。

（1）仪器与设备

气相色谱	Agilent 7890A	安捷伦(中国)有限公司
质谱	Agilent 5975C	安捷伦(中国)有限公司
加速溶剂萃取仪	Dionex ASE 300	赛默飞世尔科技(中国)有限公司
超声仪	EDAA-2500TH	上海安谱科学仪器有限公司
离心机	AllegraX-22R	贝克曼库尔特商贸(中国)有限公司
氮吹仪	EFAA-DC12H	上海安谱科学仪器有限公司
分析天平	XS205DU	梅特勒-托利多(中国)有限公司
固相萃取仪	Visiprep DL SPE	美国西格玛奥德里奇有限公司
涡旋振动器	QL-901	海门市其林贝尔仪器制造有限公司
水纯化系统	Milli-Q Integral	美国 Millipore 公司
振荡器	SPH-2102C	上海世平实验设备有限公司
棕色玻璃管(具塞)		上海安谱科学仪器有限公司
0.22 μm 聚四氟乙烯滤膜		上海安谱科学仪器有限公司
硅胶固相萃取柱		上海安谱科学仪器有限公司
氮吹管(有刻度)		上海安谱科学仪器有限公司
高纯氮气		纯度为 99.999%

（2）药品和试剂

正己烷	色谱纯	上海国药集团
二氯甲烷	色谱纯	上海国药集团
甲苯	色谱纯	上海国药集团
环己烷	色谱纯	上海国药集团
甲醇	色谱纯	上海国药集团
丙酮	色谱纯	上海国药集团
16 种 PAHs 标准品	纯度≥99%	上海安谱科学仪器有限公司
苊-D10(内标)	纯度≥99%	美国 AccuStandard 有限公司
菲-D12(内标)	纯度≥99%	美国 AccuStandard 有限公司

（3）标准溶液

a)标准物质:16 种 PAHs 混合标准储备液的质量浓度均为 2g/L,纯度≥99.9%。

b)PAHs 标准溶液:准确移取适量 PAHs 标准品(a),用正己烷稀释,配制成 10mg/L 的标准溶液,0~8℃下棕色瓶中避光保存,用于配制标准工作溶液。

c)标准工作溶液:准确移取适量的 PAHs 标准溶液(b)配制成不同梯度浓度的标准工作溶液,0~8℃下棕色瓶中避光保存,用于建立标准曲线和确定线性范围。

d)氘代内标标准物质:菲-D10、苊-D12,纯度≥99％。

e)内标标准溶液:准确称取适量苊-D10、菲-D12,用正己烷稀释,配制成 10mg/L 的内标物溶液,0~8℃下棕色瓶中避光保存,用于配制混合内标标准工作溶液。

f)混合内标标准工作溶液:准确移取适量的 PAHs 标准溶液(b)和内标标准溶液(e)混合后配制成不同浓度梯度的混合内标标准工作溶液,内标浓度保持不变,0~8℃下棕色瓶中避光保存,用于建立含内标的标准曲线和确定线性范围。

2. 实验设计

(1)土壤处理

农田土壤和污染土壤分别取表层 0—15cm 土壤,放置于阴凉通风处自然风干后,将土壤中的植物根系、有机残渣和石砾剔除,进行研磨处理,并充分混匀。将过 5 目筛的土壤放置在阴凉处老化 30d 后做盆栽培养试验,过 80 目筛的用于测定 PAHs 的浓度。

(2)生菜处理

供试作物生菜(Lactuca sativa L.)种子经蒸馏水浸泡 3h 后,放在潮湿的滤纸上,置于黑暗处,25℃催芽,长出 2 片叶子后,移栽入塑料盆中,每盆分别装入过 5 目筛的风干农田土和污染土,培养期定苗 4 株,蒸馏水每次等量补给。试验开始后,每隔 10d,每盆取适量土壤,40d 试验结束后,采集整棵植物,测定各指标。

(3)生物炭及其生物炭堆肥的制备

生物炭原料选取小麦秸秆,取自河南省郑州市郊区农场。将小麦秸秆风干、破碎、过筛至粒径 2mm,将粉碎物放入具盖不锈钢圆筒内,直至装满后旋紧盖子,然后将其放入马弗炉内热解。热解温度设置为 400℃,持续热解 4h 后,自然冷却至室温,放入干燥器中备用。将上述的自制生物炭和市售生物有机肥料按照 1:1(w/w)的比例充分混匀后制备成生物炭基肥,常温、避光保存。生物炭、生物炭堆肥和生物炭有机肥在土壤中的添加量均为 2g/kg。

(4)土壤和植物样品 PAHs 的提取

将样品放置于烘箱,80℃,烘至恒重,采用超声法提取,GC-MS 检测,内标法定量。

(5)净化和浓缩

①活化:用 5mL 二氯甲烷和 5mL 正己烷对固相萃取柱进行活化,保持有机溶剂浸没填料的时间至少 5min。然后缓慢打开固相萃取装置的活塞放出多余的有机溶剂,且保持溶剂液面高出填料层 1mm。如固相萃取柱填料变干,则需重新活化固相萃取柱。

②上样:将浓缩后萃取液全部移至上述固相萃取柱中,用 2mL 正己烷清洗浓缩管,一并转入固相萃取柱。然后缓慢打开装置阀门使萃取液进入填料,当萃取液全部浸没填料(不能流出),且没有使填料暴露于空气中时,关闭活塞。

③过柱:在固相萃取装置的相应位置放入 15mL 氮吹管,准备 10mL 二氯甲烷/正己烷(1/1,v/v)混合液洗脱上述固相萃取柱,开始加入少量洗脱液使溶剂浸没填料层约 1min,然后缓缓打开萃取柱活塞,逐渐加入洗脱液并收集全部洗脱液。

④浓缩:净化后的试液采用 30℃水浴中氮吹浓缩,将提取液浓缩至 2mL,过 0.22μm 的聚四氟乙烯滤膜,移至 2mL 样品瓶中,待测。

(6)GC-MS 色谱分析条件

①气相色谱条件

色谱柱:(5％苯基)-甲基聚硅氧烷,DB-5ms 毛细管柱 30.0m×0.25mm×0.25μm;程序

升温条件:初始温度 50℃,维持 1min,20℃/min 上升至 200℃,5℃/min 上升至 315℃,保留 5min;进样口温度:300℃;载气:氦气,纯度≥99.999%;流速:1.5mL/min;进样:脉冲无分流进样,1min 后开阀;进样量:1μL。

②质谱条件

离子源温度:300℃;四极杆温度:150℃;接口温度:300℃;电子轰击电离源(EI),电子能量:70eV;溶剂延迟:3.00min;全扫描模式(SCAN),扫描范围(m/z):30~450;选择离子扫描模式(SIM),定性离子(m/z)、定量离子(m/z),见表 4-9。

表 4-9　16 种 PAHs 的定量离子和参考离子

名称	英文名称	CAS	定量离子	定性离子
萘	naphthalene	91-20-3	128	127、128、129
苊烯	acenaphthylene	208-96-8	152	151、152、153
苊	acenaphthene	83-32-9	153	152、152、154
芴	fluroene	86-73-7	165	165、166、167
菲	phenanthrene	85-01-8	178	176、178、179
蒽	anthracene	120-12-7	178	176、178、179
荧蒽	fluoranthene	206-44-0	202	101、202、203
芘	pyrene	129-00-0	202	101、202、203
苯并[a]蒽	Benz[a]anthrancene	56-55-3	228	226、228、229
屈(chrysene)	chrysene	218-01-9	228	226、228、229
苯并[b]荧蒽	Benzo[b]fluoranthene	205-99-2	252	126、252、253
苯并[k]荧蒽	Benzo[k]fluoranthene	207-08-9	252	126、252、253
苯并[a]芘	Benzo[a]pyrene	50-32-8	252	126、252、253
茚并[1,2,3-cd]芘	Indeno[1,2,3-cd]perylene	193-39-5	276	138、227、276
二苯并[a,h]蒽	Dibenz[a,h]anthracene	53-70-3	278	139、278、279
苯并[g,h,i]芘	Benzo[g,h,i]perylene	191-24-2	276	138、276、277

(7)植物水分和脂肪含量的测定

测定方法参考 Hiles 等的研究。

水分含量的测定:准确称取 10g 植物样品,105℃,48h,烘至恒重后称量,根据公式计算水分含量:

$$水分含量\% = \frac{植物烘干前的质量 - 植物烘干后的质量}{植物烘干前的质量} \times 100 \qquad (4-20)$$

脂肪含量的测定:准确称取 10g 植物烘干样品,放入 500mL 三角瓶中,添加 100mL 正己烷和丙酮溶液(1:1,v/v)超声提取 1h,移出萃取液,加入 100mL 提取液重新超声提取一次,移出萃取液,收集前后两次的萃取液加入 300mL 烧杯(已称重)中,通风橱内室温挥发至干,去皮称重质量为 M_{lip}。根据公式计算脂肪含量:

(8)数据处理

数据均采用 SPSS 19 分析处理，Microsoft Excel 和 Origin 9.0 分析和做图。

$$脂肪含量\% = \frac{M_{lip}}{植物烘干后的质量} \times 100 \tag{4-21}$$

三、结果与分析

1、生物炭基肥中 PAHs 的土壤环境迁移行为

为明确生物炭基肥中 PAHs 的迁移行为，采用 PAHs 微污染的农田土壤，测定了生物炭、生物炭堆肥和生物炭有机肥中 PAHs 在土壤中的含量变化，结果见图 4-18。

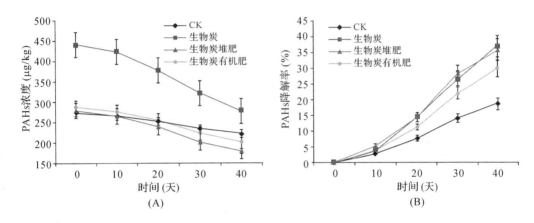

图 4-18　生物炭基肥对土壤 PAHs 含量影响

图中可知，各处理对土壤中 PAHs 含量的影响，均表现为随着时间的延长，土壤中 PAHs 的含量呈现下降趋势。由图 4-18A 可见，生物炭处理前，供试土壤中 PAHs 的浓度 272.96μg/kg，施入生物炭有机肥和生物炭堆肥后，土壤中 PAHs 的浓度分别为 287.04 μg/kg 和 279.97μg/kg，与对照土壤并未表现出显著的差异，说明施用生物炭基肥不会显著增加土壤中 PAHs 的浓度。然而，当施入与生物炭基肥等量的生物炭时，土壤中 PAHs 含量显著增加，达到 439.63μg/kg。因此，当生物炭用于土壤改良直接施入土壤时，应该严格控制生物炭用量，避免带来新的 PAHs 污染。图 4-18B 为各处理对 PAHs 降解率的影响。图中可见，生物炭可以促进土壤中 PAHs 的降解，其中，土壤处理 40 天后，生物炭堆肥、生物炭有机肥和生物炭处理中，土壤中 PAHs 的降解率分别为 35.94%、29.82% 和 36.82%，分别比对照土壤中 PAHs 的降解率增加了 93.64%、60.67% 和 98.38%（对照土壤中 PAHs 的降解率为 18.56%），可见，生物炭及其与肥料配施可以促进土壤中 PAHs 的降解。

2. 生物炭基肥-土壤系统中 PAHs 的降解

图 4-19 为生物炭、生物炭堆肥和生物炭有机肥施入污染土壤对 PAHs 降解的影响。由图可见，生物炭基肥施入污染土壤后，PAHs 的含量呈现持续下降趋势。污染土壤起始 PAHs 含量为 2157.01μg/kg，施入生物炭堆肥、生物炭有机肥和生物炭后，土壤中 PAHs 的浓度略有增加，分别为 2168.64、2173.53 和 2325.38μg/kg。

处理 40 天后，生物炭堆肥、生物炭有机肥和生物炭处理土壤中 PAHs 的累积降解率分别为 30.89%、25.57% 和 35.67%。分别比对照土壤中 PAHs 的自然降解增加了 80.11%、

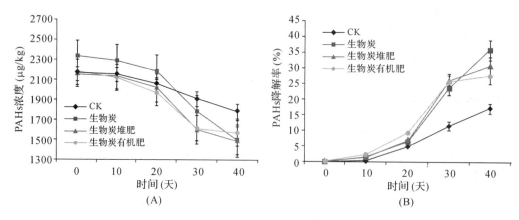

图 4-19　不同炭基肥的施入对污染土壤 PAHs 降解的影响

49.09%和108.99%(污染土壤中 PAHs 的自然降解率为17.15%)。可见,生物炭及其与肥料配施均可有效促进污染土壤中 PAHs 的降解。与市售生物炭有机肥相比,自制生物炭及其堆肥产品对 PAHs 降解的促进作用尤为显著。这可能与生物炭刺激土壤 PAHs 降解菌有关。Liu 等(2015)采用末端限制性多态分析(T-RFLP)和荧光定量 PCR(qPCR)技术,研究了生物炭对土壤土著微生物及其 PAHs 降解菌的影响,结果表明,生物炭对土壤细菌16SrDNA 和 PAH-RHDα GP 基因拷贝数量增加具有刺激作用。

3. 生物炭基肥对作物吸收 PAHs 的影响

已有的研究表明,土壤中的 PAHs 可经植物根系进入植物体,在其体内发生迁移、代谢和积累等(Khan et al,2013)。

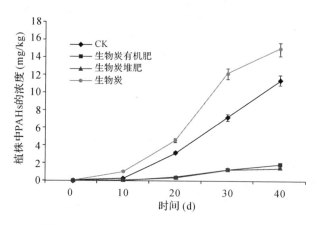

图 4-20　生物炭基肥对植物吸收 PAHs 的影响

图 4-20 为生物炭基肥对植物吸收 PAHs 的影响,由图可见,添加生物炭堆肥和生物炭有机肥可以明显减少肥料-土壤系统中的 PAHs 迁移到作物中。然而,添加等量的生物炭后,生菜中的 PAHs 含量明显升高,因此在施用生物炭时,应注意用量,防止引入污染。表4-10显示了生物炭基肥对农作物蔬菜吸收 PAHs 的影响。表中可见,处理 40d 后,所有处理的蔬菜样品中均检测出 PAHs,其中,生物炭堆肥和生物炭有机肥处理的蔬菜中 PAHs 的含量分别为 1.48μg/kg 和 1.93μg/kg,与对照处理 11.37μg/kg 相比,蔬菜中吸收的 PAHs 量

分别减少了 86.98％和 83.03％,而生物炭处理土壤蔬菜中 PAHs 的含量则为 14.95μg/kg,比对照处理增加了 31.48％。

表 4-10　不同生物炭基肥对作物吸收 PAHs 的影响

处理	PAHs 含量(μg/kg)		BCF
	0day	40day	
CK	N.D	11.37±0.85B(100％)	0.018b
生物炭堆肥	N.D	1.48±0.07C(−86.98％)	0.003c
生物炭有机肥	N.D	1.93±0.11C(−83.03％)	0.002c
生物炭	N.D	14.95±1.31A(+31.48)	0.023a

注:BCF 是植株内 PAHs 的浓度同他所生存的环境中 PAHs 的浓度比值。同列不同大、小写字母表示处理间差异显著($p<0.05$)。

为了进一步探明生物炭基肥对蔬菜 PAHs 富集能力的影响。表 4-10 中列出了各处理土壤中蔬菜对 PAHs 的富集系数(BCF),表中可见,生物炭堆肥和生物炭有机肥处理土壤中,蔬菜对 PAHs 的 BCF 显著小于对照处理,其富集系数分别为 0.003 和 0.002,比对照处理土壤分别下降了 83.11％和 87.89％,而生物炭输入则增加了蔬菜对 PAHs 的富集能力,原因可能与生物炭基肥对 PAHs 的吸附和促进微生物降解有关。

4. 生物炭基肥能有效控制作物对 PAHs 的吸收富集

这是由于生物炭基肥中的生物炭和腐殖酸等对疏水性有机污染物 PAHs 有强烈的吸附作用(Oleszczuk et al. 2013;Chen et al. 2008),使其生物可利用性降低;同时生物炭和腐殖酸又能刺激植物根系微生物的丰度(Graber et al. 2010),加快微生物对 PAHs 的降解,从而减少了 PAHs 向根和茎叶的传输。但是过多的生物炭添加,反而可能会影响土壤中微生物的活性(Lehmann et al. 2011;Derenne et al. 2001),降低 PAHs 降解菌的效率,从而使植物富集 PAHs。这可能是由于生物炭施用量较高时,生物炭竞争性地吸附 PAHs 降解菌中的酶分子,对酶促反应结合位点形成保护,阻止了酶促反应的进行,进而降低了降解菌的降解效率。由此可见,生物炭基肥可以有效控制作物对肥料中 PAHs 的吸收富集。

5. 生物炭基肥对土壤 PAHs 降解的动力学研究

研究土壤中 PAHs 降解动力学模型,对阐明 PAHs 降解的动力学反应机制具有十分重要的理论意义。Jørgensen 等(2000)研究表明,PAHs 类物质的降解符合一级动力学,即其降解速率与其浓度成比例。一级动力学方程为:

$$C_t = C_0 \exp(-kt) \tag{4-22}$$

式中:C_0 为初始浓度;t 为反应时间;C_t 为 t 时的浓度;k 为反应速率常数。

图 4-21 为生物炭基肥处理土壤中 PAHs 的降解动力学。图中可见,无论是农田土壤还是污染土壤,PAHs 的含量均随着时间的延长而降低,采用一级降解动力学方程的相关系数均大于 0.8533,最大相关系数达到 0.9860,拟合效果较好。

表 4-11 不同处理下土壤中 PAHs 浓度随时间变化的回归方程

处理	农田土壤			污染土壤		
	k	R^2	$t_{0.5}$（天）	k	R^2	$t_{0.5}$（天）
对照土壤	−0.00532	0.9768	130.3	−0.00495	0.9097	140.0
生物炭	−0.01192	0.9507	58.1	−0.01131	0.8533	61.3
生物炭堆肥	−0.01168	0.9603	59.3	−0.01027	0.8878	67.5
生物炭有机肥	−0.00919	0.9560	75.4	−0.00915	0.8863	75.8

注：$t_{0.5}$ 降解半衰期，为当土壤中的 PAHs 浓度下降至起始浓度一半时所需要的时间（计算公式为）$t_{0.5} = \dfrac{\ln 2}{k}$。

表 4-11 为不同处理条件下土壤 PAHs 的降解动力学模型参数。半衰期 $t_{0.5} = \dfrac{\ln 2}{k}$ 在表中可见，无论农田还是污染土壤，生物炭及其炭基肥处理均可以显著加快土壤中 PAHs 的降解速度，其半衰期缩短 42.13%～56.21%，污染土壤中 PAHs 的降解速度略低于农田土壤，这可能与污染 PAHs 中其他污染物（如：重金属等）的存在对 PAHs 降解菌的影响有关，其中，农田土壤中，生物炭堆肥、生物炭有机肥及生物炭处理施入后，PAHs 的半衰期分别为 59.3、75.4 和 58.1d，比对照土壤 130.3d 的半衰期缩短了 54.49%、42.13% 和 55.41%；污染土壤中，生物炭堆肥、生物炭有机肥及生物炭处理施入后，PAHs 的半衰期分别为 67.5、75.8 和 61.3d，分别比对照污染土壤 140.0d 的半衰期缩短了 51.79%、45.86% 和 56.21%。

6. 生物炭基肥-蔬菜-土壤系统中 PAHs 的吸收预测模型

作物对土壤有机污染物的吸收积累可看作污染物在土壤水相、土壤固相、植物水相和植物有机相间系列分配过程的总和（Ryan et al. 1988）。研究表明，作物在生长过程中，不断地吸收土壤中的营养物质，同时，土壤中的污染物也会随着这一吸收过程被一并吸收并累积在作物体内。目前国内外研究植物对污染物的吸收模型大多采用动力学模型（dynamic）、平衡模型（equilibrium）和稳态模型（steady state）等。但是，上述模型均未考虑作物种类或作物组分（如脂肪含量、含水率等）对植物吸收污染物的影响，大大影响了模型的适用范围。因此，根据作物吸收非极性有机污染物的能力通常与其脂肪含量呈正相关性的特性（Simonich et al. 1995），Chiou 等（2001）将土壤吸附有机物的分配理论应用于植物吸收土壤有机污染物的过程，提出了限制分配模型（Partition-limited model）。

（1）限制分配模型

限制分配模型假设植物吸收有机污染物的过程为被动吸收，并且土壤和植物体内有机污染物的自身代谢不会影响植物的被动吸收，有机污染物在植物水相-有机相系统中连续分配，最终趋于平衡状态。该模型的公式表述如下：

$$C_{pt} = \alpha_{pt} C_w (f_{pom} K_{pom} + f_{pw}) \tag{4-23}$$

其中 $f_{pom} + f_{pw} = 1$。

公式中的参数为：

f_{pom}：植物或植物某部位有机质的重量百分率；

f_{pw}：植物或植物某部位水分的重量百分率；

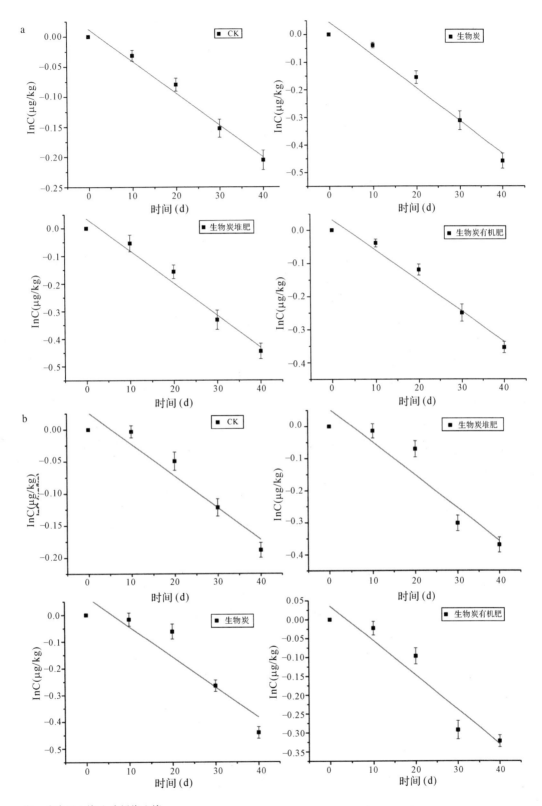

注：a 为农田土壤，b 为污染土壤。

图 4-21　生物炭基肥处理土壤中 PAHs 的降解动力学

C_{pt}：植物或植物某部位污染物的浓度；

C_w：土壤水相中污染物的浓度；

K_{pom}：污染物在植物有机相和植物水相之间的分配系数；

α_{pt}：近平衡系数(Quasi-equilibrium factor)，表示污染物在土壤水相与植物水相之间达到平衡的程度。

植物体主要由水、脂肪、蛋白质和碳水化合物等成分组成。因此公式(4-23)具体细化为：

从土壤中吸收：

$$C_{pt} = \alpha_{pt}[C_s/(f_{som}K_{som})](f_{ch}K_{ch} + f_{lip}K_{ow} + f_{pw}) \tag{4-24}$$

或 $\alpha_{pt} = f_{som}K_{som}(C_{pt}/C_s)/(f_{ch}K_{ch} + f_{lip}K_{ow} + f_{pw})$ (4-25)

公式(4-24)和(4-25)中的参数 C_{pt}，α_{pt}，f_{pom}，K_{pom}，f_{pw} 含义同公式(4-23)，其中：

C_s：土壤中有机污染物的浓度(干重计)；

C_{som}：用土壤有机质标化过的有机污染物浓度；

f_{lip}：植物或植物某部位脂肪的重量百分率；

f_{ch}：植物或植物某部位中除脂肪和水外的其余组分的总重量百分率；

f_{som}：有机污染物在土壤中的重量百分率；

K_{som}：有机污染物在土壤水相和有机相间的分配系数。

已有研究表明，非极性有机污染物在土壤有机相-土壤水相系统间的分配系数与土壤水相中有机污染物的浓度无关。因此，非极性有机物在植物有机相-植物水相系统中的分配系数也与植物水相中有机污染物的浓度无关。由公式(4-25)可知，植物、有机污染物的种类和植物生长时间等条件确定后，有机污染物在植物水相与土壤水相间的近平衡系数(α_{pt})为定值。采用公式(4-28)，根据 α_{pt} 值及相应参数，可预测植物中吸收积累的有机污染物的浓度。

(2)生物炭基肥-蔬菜-土壤系统中蔬菜吸收PAHs的预测模型

表4-12和表4-13分别为16种PAHs的 lgK_{ow} 等理化参数和不同生物炭及炭基肥处理土壤中生菜对16种PAHs的吸收含量。

由表4-14可知，生菜对污染土壤中16种PAHs累积吸收含量，计算得到40天时，生菜中的 f_{pw}，f_{lip} 和 f_{ch} 分别为95.12%，0.148%，4.732%，生菜中PAHs的含量(C_{pt}，干重)、土壤中PAHs的含量(C_s，干重)。16种PAHs的 lgK_{ow} 见表4-12。据报道，有机物污染物的 lgK_{ow} 值在3.0~3.9范围内，其 K_{ch} 值为2；有机污染的 lgK_{ow} 值≥4.0的有机物，其 K_{ch} 值为3。

K_{som} 可根据公式(4-21)获得：

$$loK_{som} = 0.906lgK_{ow} - 0.779 \tag{4-26}$$

其中，公式(5-3)可简化为：

$$C_{pt} = A\alpha_{pt}C_s \tag{4-27}$$

其中 $A = (f_{ch}K_{ch} + f_{lip}K_{ow} + f_{pw})/(f_{som}K_{som})$

式中 A 为常数，并可根据 f_{ch}、K_{ch}、f_{lip}、K_{ow}、f_{pw} 等参数计算求得 A 值。根据土壤中测定的PAHs浓度 C_s，由公式(4-27)就可利用 α_{pt} 值预测生菜体中各PAHs的含量(C_{pt})。实验根据添加生物炭的污染土壤的PAHs含量和生菜中PAHs的含量，计算得到 α_{pt}。

表 4-12　16 种 PAHs 的理化参数

化合物名称	S(mg/L)	lgK_{ow}	致癌活性
萘	31.7	3.37	无
苊烯	16.1	4.07	无
苊	3.8	3.92	无
芴	1.9	4.18	无
菲	1.1	4.57	无
蒽	0.045	4.54	无
荧蒽	0.26	5.22	争议
芘	0.132	5.18	无
苯并[a]蒽	0.011	5.91	强
屈(chrysene)	0.0015	5.91	弱
苯并[b]荧蒽	0.014	6.06	强
苯并[k]荧蒽	0.0008	6.06	强
苯并[a]芘	0.0038	5.91	特强
二苯并[a,h]蒽	0.0005	6.75	特强
苯并[g,h,i]菲	0.00026	6.50	争议
茚并[1,2,3-cd]芘	0.062	6.58	特强

注:S 为 25℃时 PAHs 在水中的溶解度;K_{ow}为辛醇/水分配系数。

表 4-13　不同生物炭基肥处理土壤中生菜对 16 种 PAHs 的吸收量

化合物名称	污染土壤(μg/kg)			
	对照	生物炭	生物炭堆肥	生物炭有机肥
萘	11.72±0.73c	15.29±0.75b	15.40±0.89b	19.9±1.15a
苊烯	3.39±0.18c	4.43±0.34b	4.45±0.24b	5.76±0.32a
苊	3.71±0.21c	4.84±0.43b	4.87±0.27b	6.30±0.45a
芴	5.24±0.29c	6.84±0.48b	6.89±0.39b	8.90±0.61a
菲	25.69±1.41c	33.54±2.95b	33.76±2.52b	43.64±2.27a
蒽	4.21±0.32c	5.49±0.42b	5.53±0.32b	7.15±0.54a
荧蒽	19.56±1.87c	25.54±2.51b	25.71±1.83b	33.23±2.28a
芘	7.29±0.52c	9.52±0.74b	9.58±0.86b	12.38±0.71a
苯并[a]蒽	5.83±0.34c	7.62±0.64b	7.67±0.41b	9.91±0.75a
屈(chrysene)	7.97±0.42c	10.41±0.61b	10.48±0.75b	13.54±0.96a
苯并[b]荧蒽	7.44±0.41c	9.71±0.63b	9.78±0.77b	12.64±1.06a
苯并[k]荧蒽	3.98±0.13c	5.20±0.38b	5.23±0.40b	6.76±0.36a

续表

化合物名称	污染土壤（µg/kg）			
	对照	生物炭	生物炭堆肥	生物炭有机肥
苯并[a]芘	2.05±0.12c	2.67±0.15b	2.69±0.22b	3.48±0.17a
二苯并[a,h]蒽	1.65±0.09c	2.15±0.20b	2.17±0.19b	2.80±0.16a
苯并[g,h,i]菲	2.39±0.13c	3.12±0.24b	3.14±0.28b	4.06±0.32a
茚并[1,2,3-cd]芘	1.62±0.09c	2.11±0.16b	2.12±0.12b	2.74±0.24a

注：同行不同小写字母表示处理间差异显著（$p<0.05$）。

图 4-22 为施加生物炭堆肥的污染土壤中，生菜中 2～6 环 PAHs 含量的实测值和预测方程，其 2～6 环 PAHs 的 α_{pt} 值分别为 0.087、0.116、0.041、0.030 和 0.017，由此计算生菜中 2～6 环 PAHs 的预测值。图中可见，限制分配模型对生菜中 2 环 PAHs 的预测误差为 8.25%，对 3 环 PAHs 的预测误差为 5.67%，对 4 环 PAHs 的预测误差为 3.45%，对 5 环的

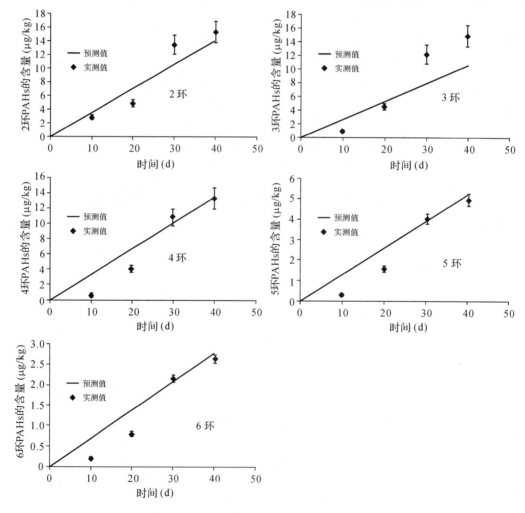

图 4-22　施用生物炭堆肥后植物吸收不同环数 PAHs 的实测值和预测方程

PAHs 的预测误差为 5.42%,对 6 环 PAHs 的预测误差为 3.82%,其中 2 环和 3 环 PAHs 的预测误差较高,$30\sim40d$ 后,生菜中实际测定的 PAHs 含量要高于预测值,这可能是由于 2 环和 3 环的 PAHs 水溶性相对较高,模型没有考虑到水相 PAHs 的迁移转化,故预测值只是预测脂肪有机相对 PAHs 的吸收转化,故实测值要高于预测值。但生菜中各环 PAHs 的预测值和实测值的差别均在一个数量级以内,故认为限制分配模型能较好地预测施加生物菜堆肥后生菜中 PAHs 的含量。

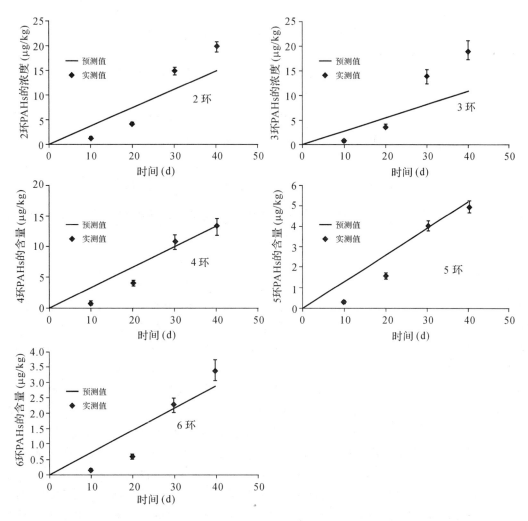

图 4-23　施入生物炭有机肥后植物吸收不同环数 PAHs 的实测值和预测方程

图 4-23 为施加生物炭有机肥的污染土壤中,生菜中 $2\sim6$ 环 PAHs 含量的实侧值和预测方程。由图 4-23 可知,向污染土壤中施加生物炭有机肥,限制分配模型对 2 环 PAHs 的预测误差为 25.44%,对 3 环 PAHs 的预测误差为 23.34%,对 4 环 PAHs 的预测误差为 15.92%,对 5 环 PAHs 的预测误差为 14.32%,对 6 环 PAHs 的预测误差为 15.60%,与添加生物炭堆肥类似,添加生物炭有机肥后,生菜中各环 PAHs 的实测值和预测值的差别在一个数量级内,故认为限制分配模型能较好地预测施加生物炭有机肥后生菜中 PAHs 的含量。

土壤中的 PAHs 进入植物体后部分被转移到植物有机相中,故植物水相中 PAHs 的浓度一般要小于土壤水相中 PAHs 的浓度,即 a_{pt} 值小于 1。并且有机污染物的 K_{ow} 增大,a_{pt} 值反而呈下降趋势,这是由于在植物体内,随着有机污染物 K_{ow} 值的增大,其在吸收传输过程中将更多的被分配到植物有机相中,而植物水相中的有机污染物浓度则相应减少。

植物对 PAHs 的吸收以及 PAHs 在植物体内的吸收分配受到诸多因素的影响,比如有机污染物性质、植物种植时间、植物组织成分、生长介质等,所以 a_{pt} 值可能也因之变化。不同种类的植物吸收同种有机污染物的能力也不同,故 a_{pt} 值差别也很大。植物茎叶的 a_{pt} 值一般小于植物根系的 a_{pt}。据报道,由于非极性有机污染物在脂肪-水相系统间的分配系数要远大于其在植物其他组分-水相系统间的分配系数,所以植物体内的脂肪含量对植物吸收非极性有机污染物具有决定作用。

限制分配模型能较好地预测各施肥处理条件下,生菜在土壤中吸收积累 PAHs 的能力,其预测值和实测值均在同一数量级上,所有施肥处理的预测误差均小于 25.44%,预测结果可被接受。故根据土壤中 PAHs 的浓度,利用限制分配模型来预测植物中 PAHs 的含量,能方便、有效地评估植物中 PAHs 的富集程度,对保障农产品食用安全具有重大意义。

第四节　肥料与生物炭配施对稻田土壤重金属迁移风险的控制研究

一、引言

生物炭作为一种土壤改良与污染修复技术已经成为国内外研究热点,已有研究表明,生物炭可以提高土壤肥力,促进作物生长并降低土壤重金属的生物有效性,减少土壤污染风险。生物炭的这种多功能特性与其本身所具有的吸附性能密切相关。然而,生物炭本身缺乏营养成分,其所含的灰分组分也仅能作为植物少量的矿物质来源,对植物的生长促进有限。农田施用生物炭后,作物产量的提高主要仍由土壤自身养分供给决定,将生物炭和肥料进行组合后施入土壤,可以弥补生物炭本身营养物质匮乏的不足,也可解决生物炭农田土壤污染修复与满足作物生长需求的矛盾,生物炭与肥料配施已成为国内外新的研究方向。

王期凯等(2015)研究报道了生物炭与肥料复配对土壤重金属镉的钝化修复效应,结果表明,单施一定剂量生物炭以及生物炭与发酵鸡粪、生物炭与氮磷钾复合肥复配材料可以有效地降低镉污染菜地土壤中 Cd 的有效性。马铁铮等研究报道,生物有机肥和生物炭处理对于 Cd 和 Pb 污染稻田土壤有较好的修复效果。然而,土壤中的重金属常常是以多种元素同时存在,生物炭对重金属的钝化不仅与其原料来源有关,而且与土壤中存在的污染物种类密切相关。Park JH 等报道,重金属 Pb、Cr、Cd、Cu 和 Zn 在辣椒秸秆生物炭上具有竞争吸附现象。本章在田间试验条件下,以稻壳生物炭为对象,研究了生物炭与 NPK 复合肥和微生物肥料配施对稻田 Pb、As、Cr 和 Cd 的钝化及其对土壤肥效的影响,以期为生物炭和肥料配施控制稻田土壤重金属污染,提高土壤肥效提供科学依据。

二、材料与方法

1. 供试材料

生物炭为上海孚祥生态环保科技股份有限公司的稻壳 500℃ 限氧热解生产而成的产品。供试复合肥（N：P_2O_5：K_2O＝23：11：11）和微生物肥由江苏科邦生物肥有限公司提供。使用前，按 1：1 的比例，将过 100 目筛（粒径小于 0.15mm）的生物炭与肥料充分混合后，备用。

2. 田间试验

试验地位于上海郊区水稻种植区。供试土壤为沼泽性起源的青紫泥水稻土，属重壤土。pH 为 7.2，有机质、全氮、全磷、全钾含量分别为 16.44％、0.288％、0.084％ 和 1.96％。土壤中 Pb、As、Cr 和 Cd 的含量分别为 21.35mg/kg、8.86mg/kg、67.04mg/kg 和 0.212 mg/kg，属微污染农田土壤。

试验小区采用完全随机区组设计，设 3 个处理，3 次重复，每个小区面积为 27m²。各小区间采用木板分隔，每条木板用两层黑色地膜覆盖，防止小区间水肥串流；小区四周设立保护行。栽秧规格为株行距 20cm×25cm，每穴插 2 棵秧苗；肥料用作追肥，设稻壳炭复合在肥（BRC）、稻壳炭复合微肥（BRM）和对照三个处理，对照为不施生物炭处理。供试水稻品种为青角 307。试验田日常水浆管理及病虫防治均按当地习惯进行。

3. 取样

土壤样品采用五点取样法进行，实验前采集各小区土壤样品，剔除石砾和植物残体后，混匀，研磨过 100 目尼龙筛，备用。水稻成熟期，采用五点整穴取样法，采集水稻样品，用自来水冲洗干净后，再用去离子水冲洗，将根、秸秆和籽粒分离，在 105℃ 下杀青半小时，然后，60℃ 下烘干至恒重。烘干后，磨碎过 1mm 网筛，备用。

4. 样品处理

（1）土壤样品

称取 0.1g 土壤样品，放入消解罐中，加入 5ml 浓硝酸，采用梯度升温消解程序，800Mpa 压力下，在微波消解炉中按 5 分钟 120℃，10 分钟 160℃ 和 20 分钟 190℃ 的顺序进行消解，消解结束，待冷却至室温后，开盖转移到容量瓶中，定容，备用。

（2）水稻样品

称取 0.2g 水稻样品到平板消解管中，加入 5ml 浓硝酸，在 105℃ 下的平板炉上消解 3h。消解后直接在消解管中定容，滤纸过滤后，待测。

5. 重金属含量的测定

土壤和水稻植株样品中的 Pb、As、Cr 和 Cd 含量，采用电感耦合等离子体质谱仪（ICP—MS，PE ELEN 9000 PerkinElmer Elan DRC-e）测定。测定时，为克服基体效应和降低信号漂移，以元素 In（同位素质量数 114.90，同位素丰度 95.72％）作为内标元素。同时，为避免 ICP-MS 中的质谱干扰，采用谱线干扰表格分析，选定待测同位素：As（同位素质量数 74.92，同位素丰度 100％），Pb（同位素质量数 207.98，同位素丰度 52.3％），Cr（同位素质量数 52.94，同位素丰度 9.55％），Cd（同位素质量数 110.94，同位素丰度 29.8％）。

6. 数据处理

数据经 Microsoft Excel 2010 整理，SAS 9.1 统计分析，Origin8.5 进行绘图。

三、结果与讨论

1. 生物炭与肥料配施对水稻不同部位吸收重金属的影响

图 4-24 为生物炭与肥料配施对水稻根、茎及籽粒吸收 Pb、As、Cr 和 Cd 的影响。图中可见,生物炭与肥料配施处理中各个元素都表现出了根部含量大于茎部和籽粒的规律,表明水稻吸收土壤中的重金属后,大部分停留在根部,少量向地上部分迁移,且越往上含量越少,表现为地下部分蓄积量大于地上部分。其中,稻壳生物炭和复合肥配施处理中水稻根部、茎部、籽粒 Pb 的含量分别为 6.957、0.342 和 0.136mg/kg;As 的含量分别为 1.863、1.253 和 0.061mg/kg;Cr 的含量分别为 6.127、4.326 和 2.506mg/kg;Cd 的含量分别为 0.835、0.328 和 0.015mg/kg;稻壳生物炭和微生物肥配施处理中水稻根部、茎部、籽粒中 Pb 的含量分别为:3.892、1.938、0.124mg/kg;As 的含量分别为:1.737、1.406 和 0.05mg/kg;Cr 的含量分别为 6.256、3.258 和 2.984mg/kg;Cd 的含量分别为 0.392、0.301 和 0.012mg/kg。生物炭与复合肥配施处理中水稻根部对 Pb 和 Cd 的吸收显著高于微生物肥料配施处理。

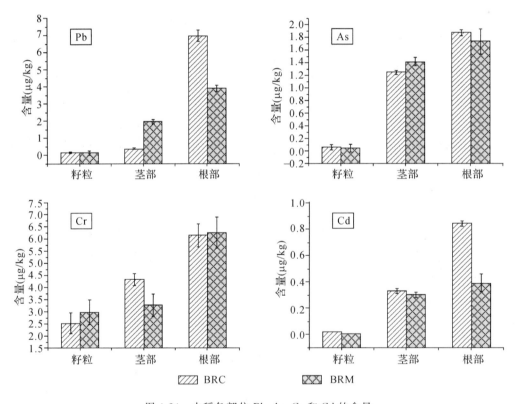

图 4-24 水稻各部位 Pb、As、Cr 和 Cd 的含量

2. 生物炭与肥料配施对水稻籽粒吸收土壤 Pb、As、Cr 和 Cd 的控制作用

籽粒是水稻的可食部分,图 4-25 为生物炭与肥料配施对水稻籽粒吸收土壤中 Pb、As、Cr 和 Cd 的控制作用。图中可见,与对照相比,生物炭与复合肥和微生物肥配施,都能降低水稻籽粒中 Pb、As、Cr、Cd 的含量。其中,生物炭与复合肥配施对籽粒 Pb、As、Cr 和 Cd 的吸收量分别比对照降低 76.7%、72.7%、14.7% 和 33.3%。除 Cr 增加 1.6% 外,生物炭与微生物肥料配施对籽粒 Pb、As 和 Cd 的吸收量分别比对照降低 79.3%、75.6% 和 66.6%。由

此可见,生物炭与复合肥和微生物肥配施对 Pb 和 As 钝化效应优于 Cr 和 Cd。

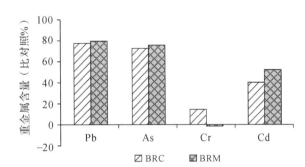

图 4-25 生物炭与肥料配施对水稻籽粒吸收 Pb、As、Cr 和 Cd 的控制作用

根据《食品安全国家标准-食品中污染物限量》(GB 2762—2012)中的规定,水稻籽粒中 Pb、As、Cr 和 Cd 的限量分别为 0.2、0.2、1.0 和 0.2mg/kg。对生物炭与肥料配施稻田中重金属含量分析发现,在对照土壤中生长的水稻籽粒中,除了 Cd 含量低于限量标准外,Pb、As 和 Cr 的含量分别为 0.599、0.217 和 2.937mg/kg,均超过了规定的限量(表 4-14)。生物炭与肥料配施后,水稻籽粒中 Pb、As、Cd 含量均降低至国家限量标准以下。而 Cr 含量与对照无显著差异。由此可见,生物炭与肥料配施可以有效降低 Pb、As 和 Cd 的生物有效性,控制土壤中上述元素向水稻籽粒中迁移。

表 4-14 生物炭与肥料配施对水稻籽粒重金属含量(mg/kg)的影响

处理	Pb	As	Cr	Cd
对照	0.599	0.217	2.937	0.025
BRC	0.136	0.061	2.506	0.015
BRM	0.124	0.053	2.984	0.012

注:BRC:稻壳炭复合化肥;BRM:稻壳炭复合微肥。

3. 生物炭对水稻不同部位 As、Cd、Pb 和 Cr 富集系数的影响

富集系数(Bioconcentration Factor,BCF)是植物体某部位中某种重金属含量与土壤中同种重金属含量的比值,通常反映了植物富集重金属的能力,富集系数越大,则说明植物对重金属的吸收能力越强。图 4-26 为生物炭与肥料配施对水稻富集 Pb、As、Cr 和 Cd 的影响。图中可见,各处理中各元素的富集系数依次表现为根部＞茎部＞籽粒,各部位对 Cd 的富集系数最大,As 的富集系数大于 Pb 和 Cr。其中,生物炭与复合化肥配施(BRC)水稻根部、茎部和籽粒中 Pb 的富集系数分别为 0.137、0.007 和 0.003;As 的富集指数分别为 0.284、0.191 和 0.009;生物炭与微生物肥配施(BRM)水稻根部、茎部、籽粒中 Pb 的富集指数依次为 0.217、0.108、0.007;As 的富集指数依次为 0.258、0.209、0.008;与对照相比,生物炭与肥料配施对水稻各部位 Pb 和 As 的富集系数降低了 18%~97%。生物炭与复合肥配施水稻根部、茎部、籽粒中 Cr 的富集指数分别为 0.065、0.046、0.026;生物炭与微生物肥配施水稻根部、茎部、籽粒中 Cr 的富集指数分别为 0.042、0.022、0.020,与对照相比,生物炭与复合肥和微生物肥料配施水稻根部 Cr 富集系数分别降低了 68.8% 和 79.9%,然而,水稻茎部和籽粒富集系数则提高了 1.8 倍和 1.2 倍。除生物炭与微生物肥配施降低水稻根部对

土壤 Cd 富集系数外,生物炭与肥料配施则提高了水稻根部、茎部、籽粒中 Cd 的富集系数,其中,生物炭与复合肥配施水稻根部、茎部、籽粒对 Cd 的富集指数分别为 5.219、2.048 和 0.095,分别比对照提高了 29.3%、44.5% 和 32.6%;生物炭和微生物肥配施水稻茎部和籽粒中 Cd 的富集指数分别为 1.845 和 0.074,分别比对照提高了 30.2% 和 428.6%。张伟明报道,水稻生长前期,生物炭对土壤镉具有活化作用。陈玲桂研究表明,秸秆炭和竹炭在一定程度上增大大豆非根际土中铜、锌和铅的稳定性的同时,促进了土壤中铬和镉的移动性和生物有效性。由以上分析可知,稻壳生物炭与复合肥配施可以有效降低微污染土壤中水稻对 Pb,As 和 Cr 的富集,这可能是由于生物炭施入土壤后,土壤重金属有效态含量、土壤氧化还原状态和阳离子交换量改变,这些改变使水稻对重金属的吸收降低,使重金属向水稻籽粒部分迁移也变少。

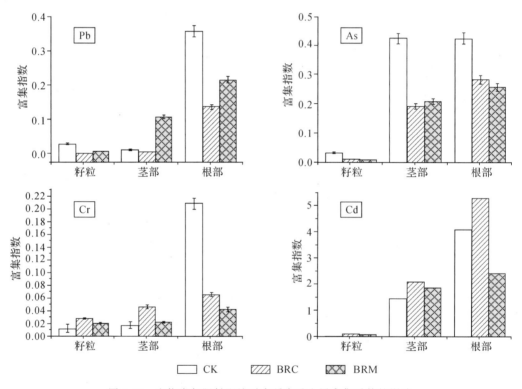

图 4-26　生物炭与肥料配施对水稻中重金属富集系数的影响

4. 生物炭与肥料配施对水稻产量及其结构的影响

表 4-15 为稻壳生物炭与肥料配施对水稻产量及其结构的影响,表中可见,与对照相比,生物炭与复合肥和微生物肥料配施,均显著增加了水稻实际产量,生物炭与复合肥和微生物肥料配施田间实际产量分别增加了 6% 和 5%。对产量结构研究表明,与对照相比,生物炭与复合肥配施主要增加了每株穗数和每穗粒数,分别增加了 11% 和 7%。曲晶晶等(2012)研究小麦秸秆生物炭对水稻产量及晚稻氮素利用率的影响,结果表明,生物炭施用量为 20 和 40t·hm^{-2},处理晚稻产量分别比未施生物质炭对照提高 5.18% 和 7.95%,可能原因是生物质炭与肥料的适量配合可有效提高作物对氮肥的吸收利用率,减少氮素流失,在一定程度上具有增产效果。

表 4-15　生物炭与肥料配施对水稻产量和产量指标的影响

处理	实际产量(kg/公顷)	每株穗数	千粒重(g)	每穗粒数
对照	8407.35	16.80	15.26	117.44
BRC	8901.20	18.60	15.38	125.65
BRM	8814.84	18.00	15.38	120.10

注:BRC:稻壳炭复合化肥;BRM:稻壳炭复合微肥。

第五章 土壤、肥料中主要
有害因子的检测标准

第一节 三聚氰胺的检测标准

近年来,三聚氰胺作为一种新型健康危害因子引起国际上的广泛关注。世界各国陆续制定了乳制品、食品接触材料等领域三聚氰胺检测的相关标准,以控制安全风险,如国际标准 ISO/TS 15495-2010Milk, milk products and infant formulae-Guidelines for the quantitative determination of melamine and cyanuric acid by LC-MS/MS(乳、乳制品和婴儿配方 用液相色谱-质谱/质谱定量测量三聚氰胺和三聚氰酸指南);国内标准:GB/T 22400—2008 原料乳中三聚氰胺快速检测 液相色谱法、GB 29704—2013 食品安全国家标准 动物性食品中环丙氨嗪及代谢物三聚氰胺多残留的测定 超高效液相色谱-串联质谱法、GB/T 22288-2008 植物源产品中三聚氰胺、三聚氰酸一酰胺、三聚氰酸二酰胺和三聚氰酸的测定 气相色谱-质谱法等。但是,对于土壤和肥料中三聚氰胺的研究则相对较少,国内已颁布的检测标准只有三项:

GB/T 32953—2016 肥料中三聚氰胺的测定 离子色谱法

SN/T 4378—2015 化肥中三聚氰胺含量的测定 高效液相色谱法和离子色谱法

NY/T 2270—2012 肥料 三聚氰胺含量的测定

GB/T 32953—2016 为国内首次颁布的肥料中三聚氰胺检测方法的国家标准。本标准规定了肥料中三聚氰胺含量的离子色谱测定方法。标准适用于复合肥、复混肥、有机肥、缓释肥以及其他氮、磷、钾肥料中三聚氰胺含量的测定,测定含量范围为 $15.0 \sim 10^5$ mg/kg。该标准采用氨水-甲醇水溶液将样品经超声、振荡提取后,再经高速离心,取上层清液,经氮气吹干后,溶解定容,用离子色谱仪进行检测,外标法定量。

第二节 多环芳烃的检测标准

目前,国内外 PAHs 的监测技术应用最广的分析方法是色谱法。其中,GC、GC-MS 和 HPLC 是检测 PAHs 最常用的方法。HPLC 分析多环芳烃类主要使用紫外检测器、荧光检测器或二极管阵列检测器,随着串接液相色谱质谱的发展,复杂样品中多环芳烃类物质也有用串接液相质谱检测的,其技术优势是不需要高温汽化,化合物在进样口不会被分解破坏,特别是四环以上多环芳烃化合物在荧光检测器上有很灵敏的反应,检出限可达 ppt 级,缺点是干扰存在时定性不准确。GC 具有高选择性、高分辨率和高灵敏度的特性,而且由于多环芳烃的热稳定性,用质谱(如 EI 源)作为检测器时,能够得到大的分子离子峰和很少的碎片离子,所以用 GC-MS 测定时能够得到很高的灵敏度,与 GC 相比,GC-MS 在定性方面更准确,可以在不能完全将干扰物分离的情况下仍可以准确定量,扫描可以用全扫描和选择离子两种方式,抗干扰能力较强。GC/MS 在同时分析多组分多环芳烃方面定性准确度具有明显优势,已经成为一种重要的检测手段。

(1)国际标准

ISO 13859—2014 Soil quality-Determination of polycyclic aromatic hydrocarbons (PAH) by gas chromatography (GC) and high performance liquid chromatography (HPLC)

土壤质量 用气相色谱法(GC)和高性能液相色谱法(HPLC)测定多环芳香烃(PAH)

ISO 13877—1998 Soil quality-Determination of polynuclear aromatic hydrocarbons-Method using high-performance liquid chromatography

土壤质量多环芳烃的测定高效液相色谱法

ISO 18287—2006 Soil quality-Determination of polycyclic aromatic hydrocarbons (PAH)-Gas chromatographic method with mass spectrometric detection (GC-MS)

土壤质量 聚环芳香烃(PAH)的测定 气相色谱-质谱联用检测法(GC-MS)

(2)国内标准

目前,国内已经颁布了土壤和肥料中多环芳烃含量测定的国家标准一项,行业标准两项,分别采用高效液相色谱法和气相色谱-质谱法进行测定:

GB/T 32952—2016 肥料中多环芳烃的测定 气相色谱-质谱法

HJ 784—2016 土壤和沉积物 多环芳烃的测定 高效液相色谱法

HJ 805—2016 土壤和沉积物 多环芳烃的测定 气相色谱-质谱法

GB/T 32952—2016 为国内首次发布肥料中多环芳烃含量测定的国家标准。此标准规定了肥料中萘、苊烯、苊、芴、菲、蒽、荧蒽、芘、苯并[a]蒽、䓛、苯并[b]荧蒽、苯并[k]蒽、苯并[a]芘、二苯并[a,h]蒽、苯并[g,h,i]菲和茚并[1,2,3-cd]芘共 16 种多环芳烃含量的气相色谱-质谱测定方法。该标准适用于复合肥、复混肥、缓释肥、有机肥及其有关炭基肥料中多环芳烃含量的测定,测定含量范围为 0.1~30mg/kg。

第三节　邻-苯二甲酸酯的检测标准

近年来,随着科学研究的不断深入,邻-苯二甲酸酯类环境激素的危害得到了人们的广泛关注。目前,国际上已经逐步建立了食品、玩具、纺织品、化妆品等领域中邻-苯二甲酸酯类增塑剂的相关检测标准,对于土壤和肥料中邻-苯二甲酸酯类化合物的检测标准也在不断完善。但相对其他领域对邻-苯二甲酸酯的检测研究,其数量明显较少且不够深入。现有的检测标准均采用气相色谱-质谱法进行检测。

(1)国际标准

ISO 13913—2014 Soil quality-Determination of selected phthalates using capillary gas chromatography with mass spectrometric detection (GC/MS)

土壤质量 使用带质谱检测的毛细管气相色谱法(GC/MS)测定选定的邻-苯二甲酸盐

（2）国内标准

上海出入境检验检疫局孙明星等起草的国家标准《肥料中邻-苯二甲酸酯类增塑剂含量的测定 气相色谱-质谱法》,填补了目前国内肥料中邻-苯二甲酸酯类检测标准的空缺。该标准采用气相色谱-质谱法对复合肥、复混肥、有机肥、缓释肥及其他氮磷钾肥料中邻-苯二甲酸酯类增塑剂的含量进行测定。方法检出限为 DMP、DEP、DBP、BBP、DEHP、DNOP 为 $0.1\mu g/g$,DINP、DIDP 为 $0.5\mu g/g$。邻-苯二甲酸酯以正己烷和二氯甲烷(体积比5∶1)为溶剂、用超声方法提取后,用气相色谱-质谱仪测定。采用选择离子监测模式(SIM)扫描,以碎片离子质核比及其丰度比定性,外标法进行定量。

第四节　抗生素的检测标准

GB/T 32951—2016 有机肥中土霉素、四环素、金霉素与强力霉素的含量测定 高效液相色谱法

近年来,基于对食品安全的高度重视,国内外均建立了严苛的抗生素检测标准来控制食品安全风险。相对而言,对于土壤和肥料中抗生素的研究则相对较少。但是,有机肥尤其是粪肥的使用,使抗生素成为土壤和肥料甚至农作物产品重要的潜在污染物来源,国内研究人员已经开始制定相关检测标准。

上海出入境检验检疫局孙明星等起草的国家标准《有机肥中土霉素、四环素、金霉素与强力霉素的含量测定 高效液相色谱法》,是中国首次发布肥料中抗生素残留检测方法的国家标准,为在有机肥料产品质量指标中设定抗生素残留限值提供了技术支撑。该标准规定了有机肥中土霉素、四环素、金霉素和强力霉素含量的高效液相色谱检测方法,适用于有机无机复合肥、有机肥中土霉素、四环素、金霉素和强力霉素含量的测定。方法检出限：土霉素 $0.75mg/kg$,四环素 $0.75mg/kg$,金霉素 $1.0mg/kg$,强力霉素 $0.75mg/kg$。试样中土霉素、四环素、金霉素和强力霉素经 Na2EDTA-Mcllvaine-甲醇提取液提取、固相萃取小柱净化处理后进样,高效液相色谱紫外检测器测定,外标法定量。

第五节　重金属离子的检测标准

重金属污染具有累积性、不可逆转性和隐蔽性,多年来重金属的检测方法一直是科学研究的重点。近年来,有关重金属在土壤-作物系统内的迁移、富集及对重金属污染土壤的治理和植物修复等问题引起了国内外的高度重视和深入研究,随之而来的土壤和植物中重金属测定方法的研究也成为热点,检测标准也随之不断完善。现今测定重金属元素含量的测定方法很多,如火焰原子吸收光谱法、石墨炉原子吸收光谱法、冷原子吸收光谱法、原子荧光光谱法等。重金属的分析关键在于如何将重金属从干扰其分析的物质中无损失地分离出来。就目前的情况看,世界上许多国家仍然在使用各自独立的分析方法,国际上对重金属的检测没有相对统一的标准。中国目前肥料相关标准较多，现有的肥料中有关重金属（镉、铬、铅、汞、砷）检测较为详细的国家标准为肥料中砷、镉、铅、铬、汞生态指标（GB/T 23349—2009）和有机-无机复混肥料（GB18877—2002）。

原子荧光光谱法是通过待测元素的原子蒸汽在辐射能激发下所产生荧光的发射强度来测定待测元素的一种分析方法。原子荧光光谱法的检出限比原子吸收法要低，谱线清晰干扰少，灵敏度较高，线性范围大，但是测定的金属种类有限。

电感耦合等离子发射光谱法具有受干扰小、灵敏度高、线性范围宽、可同时测量或依次顺序测量多种重金属元素等优点。但是比起电感耦合等离子体质谱法，灵敏度略低，可用于除 Cd，Hg 等以外的绝大部分重金属的测定。电感耦合等离子体质谱法具有的检出限比原子吸收法更低，是最先进的痕量分析方法，但是其价格昂贵，易受污染，目前尚未广泛应用。

未来重金属检测技术的发展方向应该向所需设备简单易携带、灵敏度高且稳定性强、检测结果重现性好、所需成本低的方向发展，并且应该着重致力于连续在线监测技术的研究。

（1）国际及国外标准

ISO 11047—1998 Soil quality-Determination of cadmium，chromium，cobalt，copper，lead，manganese，nickel and zinc-Flame and electrothermal atomic absorption spectrometric methods

土壤质量土壤的王水萃取物中的镉、铬、钴、铜、铅、锰、镍和锌的测定 火焰和电热原子吸收光谱法

ISO 15192—2010 Soil quality-Determination of chromium（VI）in solid material by alkaline digestion and ion chromatography with spectrophotometric detection

土壤质量 用碱消解法和带分光光度探测的离子色谱法测定固体材料中的六价铬

ISO/TS 16727—2013 Soil quality-Determination of mercury-Cold vapour atomic fluorescence spectrometry（CVAFS）

壤质量 汞的测定 冷蒸汽原子荧光光谱法（CVAFS）

ISO 16772—2004 Soil quality-Determination of mercury in aqua regia soil extracts with cold-vapour atomic spectrometry or cold-vapour atomic fluorescence spectrometry

土壤质量 用冷蒸汽原子光谱法或冷蒸汽原子荧光光谱法测量王水土壤萃取液中的汞

ISO 17318—2015 Fertilizers and soil conditioners-Determination of arsenic，cadmium，chromium，lead and mercury contents

肥料和土壤调理剂 砷、镉、铬、铅和汞含量的测定

ISO/TR 18105—2014 Soil quality-Detection of water soluble chromium（VI）using a ready-to-use test-kit method 土壤质量 使用即用型检测试剂盒法检测水溶性铬（VI）

ISO 20280—2007 Soil quality-Determination of arsenic，antimony and selenium in aqua regia soil extracts with electrothermal or hydride-generation atomic absorption spectrometry

土壤质量 用电热式或氢化物产生式原子吸收光谱法测定土壤的王水萃取物中的砷、锑和硒

AS 4479.3—1999 Analysis of Soils-Part 3：Determination of Metals in Aqua Regia Extracts of Soil by Flame Atomic Absorption Spectrometry

土壤分析 第3部分：用火焰原子吸收光谱法确定土壤王水萃取液中的金属

AS 4479.4—1999 Analysis of Soils-Part 4：Determination of Metals in Aqua Regia Extracts of Soil by Inductively Coupled Plasma-Atomic Emission Spectrometry

土壤分析 第4部分：电感耦合等离子发射光谱法确定土壤王水萃取液中的金属

BS 7755-3-13-1998 Soil quality，Chemical methods. Determination of cadmium，chromium，cobalt，copper，lead，manganese，nickel and zinc in aqua regia extracts of soil. Flame and electrothermal atomic absorption spectrometric methods

土壤质量 化学方法 土壤的王水萃取物中镉、铬、钴、铜、铅、锰、镍和锌含量测定 火焰和电热原子吸收分光光谱法

EN 14888—2005 Fertilizers and liming materials-Determination of cadmium content

肥料和钙/镁土壤改良剂 镉含量测定

GOST R 53218—2008 Organic fertilizers-Atomic-absorption method for determination of heavy metals content

有机肥料 重金属的含量测定的原子吸收方法

（2）国内标准

GB/T 17134—1997 土壤质量 总砷的测定 二乙基二硫代氨基甲酸银分光光度法

GB/T 17135—1997 土壤质量 总砷的测定 硼氢化钾-销酸银分光光度法

GB/T 17136—1997 土壤质量 总汞的测定 冷原子吸收分光光度法

GB/T 17139—1997 土壤质量 镍的测定 火焰原子吸收分光光度法

GB/T 17140—1997 土壤质量 铅、镉的测定 KI-MIBK萃取火焰原子吸收分光光度法

GB/T 17141—1997 土壤质量 铅、镉的测定 石墨炉原子吸收分光光度法

GB/T 22105.1—2008 土壤质量 总汞、总砷、总铅的测定 原子荧光法 第1部分：土壤中总汞的测定

GB/T 22105.2—2008 土壤质量 总汞、总砷、总铅的测定 原子荧光法 第2部分：土壤中总砷的测定

GB/T 22105.3—2008 土壤质量 总汞、总砷、总铅的测定 原子荧光法 第3部分：土壤中总铅的测定

GB/T 23349—2009 肥料中砷、镉、铅、铬、汞生态指标

GB/T 23739—2009 土壤质量 有效态铅和镉的测定 原子吸收法

第六节　土壤、肥料中其他污染物的检测标准

一、有机污染物

（1）国际及国外标准

ISO 10382—2002 Soil quality-Determination of organochlorine pesticides and polychlorinated biphenyls-Gas-chromatographic method with electron capture detection

土壤质量 有机氯农药和多氯联苯的测定 电子俘获检测仪气相色谱法

ISO 11264—2005 Soil quality-Determination of herbicides-Method using HPLC with UV-detection

土壤质量 除草剂的测定 UV 检测 HPLC 法

ISO 11709—2011 Soil quality-Determination of selected coal-tar-derived phenolic compounds using high performance liquid chromatography（HPLC）

土壤质量 用高性能液相色谱法（HPLC）测定选定的煤焦油衍生酚类化合物

ISO 11916-1—2013 Soil quality-Determination of selected explosives and related compounds-Part 1：Method using high-performance liquid chromatography（HPLC）with ultraviolet detection

土壤质量 选定的爆炸物及相关化合物的测定 第 1 部分：使用带紫外探测的高效液相色谱法

ISO 11916-2—2013 Soil quality-Determination of selected explosives and related compounds-Part 2：Method using gas chromatography（GC）with electron capture detection（ECD）or mass spectrometric detection（MS）

土壤质量 选定的爆炸物及相关化合物的测定 第 2 部分：使用带电子俘获探测或质谱探测的气相色谱法

ISO 13876—2013 Soil quality-Determination of polychlorinated biphenyls（PCB）by gas chromatography with mass selective detection（GC-MS）and gas chromatography with electron-capture detection（GC-ECD）

土壤质量 用带质量选择探测的气相色谱和带电子捕获探测的气相色谱测定多氯联苯

ISO/TS 13896—2012 Soil quality-Determination of linear alkylbenzene sulfonate（LAS）-Method by HPLC with fluorescence detection（LC-FLD）and mass selective detection（LC-MSD）

土壤质量 直链烷基苯磺酸盐（LAS）的测定 采用带荧光探测和质量选择探测的高性能液相色谱法

ISO/TS 13907—2012 Soil quality-Determination of nonylphenols（NP）and nonylphenol-mono-and diethoxylates-Method by gas chromatography with mass selective detection（GC-MS）

土壤质量 壬基酚和壬基苯酚单乙氧基醇及壬基苯酚二乙氧基醇的测定 采用带质量选择探测的气相色谱法

ISO 13914—2013 Soil quality-Determination of dioxins and furans and dioxin-like polychlorinated biphenyls by gas chromatography with high-resolution mass selective detection（GC/HRMS）

土壤质量 用带高分辨质量选择探测的气相色谱测定二噁英、呋喃、类二噁英多氯联苯

ISO 14154—2005 Soil quality-Determination of some selected chlorophenols-Gas-chromatographic method with electron-capture detection

土壤质量 某些选定氯酚的测定 电子俘获检测仪气相色谱法

ISO 16558-1-2015 Soil quality-Risk-based petroleum hydrocarbons-Part 1：Determination of aliphatic and aromatic fractions of volatile petroleum hydrocarbons using gas chromatography（static headspace method）

土壤质量 基于风险的石油烃 第 1 部分：用气相色谱法测定挥发性石油烃的脂族和芳香族组分（静态顶空法）

ISO/TS 16558-2-2015 Soil quality-Risk-based petroleum hydrocarbons-Part 2：Determination of aliphatic and aromatic fractions of semi-volatile petroleum hydrocarbons using gas chromatography with flame ionization detection（GC/FID）

土壤质量 基于风险的石油烃 第 2 部分：用带火焰离子化检测器的气相色谱法测定半挥发性石油烃的脂族和芳香族组分（GC/FID）

ISO/TS 17182—2014 Soil quality-Determination of some selected phenols and chlorophenols-Gas chromatographic method with mass spectrometric detection

土壤质量 一些选定的酚和氯酚的测定 带质谱检测的气相色谱法

ISO 18643—2016 Fertilizers and soil conditioners-Determination of biuret content of urea-based fertilizers-HPLC method

肥料和土壤调理剂 尿素基肥料中缩二脲含量的测定 高性能液相色谱法

ISO 25705—2016 Fertilizers-Determination of urea condensates using high-performance liquid chromatography（HPLC）-Isobutylidenediurea and crotonylidenediurea（method A）and methylen-urea oligomers（method B）

肥料 用高性能液相色谱法（HPLC）测定脲浓缩物 异丁基二脲和巴豆叉二脲（方法 A）以及亚甲基-脲低聚物（方法 B）

ASTM E2686—2009（2015） Standard test method for volatile organic compound（VOC）solvents absorbed/adsorbed by simulated soil impacted by pesticide emulsifiable concentrate（EC）applications

用农药乳油施用法测定模拟压紧土壤吸收的挥发性有机化合溶剂的试验方法

ASTM E2787—2011(2016) Standard test method for determination of thiodiglycol in soil using pressurized fluid extraction followed by single reaction monitoring liquid chromatography/tandem mass spectrometry（LC/MS/MS）

用加压液萃取法后接单反应液相色谱法/串联质谱测量法测定土壤中硫二甘醇的试验方法

ASTM E2866—2012（2016） Standard test method for determination of diisopropyl methylphosphonate，ethyl methylphosphonic acid，isopropyl methylphosphonic acid，methylphosphonic acid and pinacolyl methylphosphonic acid in soil by pressurized fluid extraction and analyzed by liquid chromatography/tandem mass spectrometry

用加压液提取和液体分析法测定土壤中甲基磷酸二异丙酯、甲基磷酸乙酯、异丙基甲基膦酸、甲基膦酸和吡呐基甲基膦酸的试验方法

ASTM D5143—2006(2015)e1 Standard test method for analysis of nitroaromatic and nitramine explosive in soil by high performance liquid chromatography

用高效液相色谱法分析土壤中硝基芳香化合物和硝胺炸药的试验方法

ASTM D5988—2012 Standard test method for determining aerobic biodegradation of plastic materials in soil

测定堆肥后残留塑料或塑料在土壤中需氧性生物降解的试验方法

ASTM D7858—2013 Standard test method for determination of bisphenol a in soil, sludge and biosolids by pressurized fluid extraction and analyzed by liquid chromatography/ tandem mass spectrometry

通过压力流体萃取法和采用液相色谱法/串联质谱法分析来测定土壤、污泥和生物固体中双酚 A 的试验方法

ASTM D8018—2015 Standard test method for determination of (Tri-n-butyl)-n- tetradecylphosphonium chloride (TTPC) in soil by multiple reaction monitoring liquid chromatography/mass spectrometry (LC/MS/MS)

用多反应监测液相色谱法/质谱分析法(LC/MS/MS)测定土壤中三正丁基十四烷基氯化磷(TTPC)的试验方法

GOST R 53217—2008 Soil quality-Determination of organochlorine pesticides and polychlorinated biphenyls content-Gaschromatographic method with electron capture detection

土壤质量—测定有机氯农药和多氯联苯的含量—气相色谱电子捕获检测法

GOST 27749.1—1988 Carbamid-Method of biuret content determination

尿素.缩二脲的测定方法

(2)国内标准

GB/T 2441.2—2010 尿素的测定方法 第 2 部分:缩二脲含量 分光光度法

GB/T 14550—2003 土壤中六六六和滴滴涕测定的气相色谱法

GB/T 22924—2008 复混肥料(复合肥料)中缩二脲含量的测定

二、无机污染物

(1)国际及国外标准:

ISO 17380—2013 Soil quality-Determination of total cyanide and easily liberatable cyanide-Continuous-flow analysis method

土壤质量 氰化物总量和易释放氰化物的测定 连续流分析法

ISO 18589-4—2009 Measurement of radioactivity in the environment-Soil-Part 4: Measurement of plutonium isotopes (plutonium 238 and plutonium 239 + 240) by alpha spectrometry

环境中辐射的测量 土壤 第 4 部分:用 α 粒子能谱法测量钚同位素(钚 238 和钚 239＋240)

ISO 18589-5—2009 Measurement of radioactivity in the environment-Soil-Part 5: Measurement of strontium 90

环境中辐射的测量 土壤 第 5 部分:锶 90 的测量

ASTM C1000—2011 Standard test method for radiochemical determination of uranium isotopes in soil by alpha spectrometry

用 α 光谱分析法对土壤中铀同位素进行放射化学测定的试验方法

ASTM C1001—2011 Standard test method for radiochemical determination of plutonium in soil by alpha spectroscopy

用 α 光谱分析法对土壤中钚进行放射化学测定的试验方法

ASTM C1205—2007（2012）Standard test method for the radiochemical determination of americium-241 in soil by alpha spectrometry

运用 α 光谱测定法对土壤中镅-241 作放射化学测定的试验方法

ASTM C1255—2011 Standard test method for analysis of Uranium and Thorium in soils by energy dispersive X-Ray fluorescence spectroscopy

用能量分散 X 线荧光分光镜检查法分析土壤中铀和钍的试验方法

ASTM C1387—2014 Standard guide for the determination of Technetium-99 in Soil

土壤中锝-99 的测定指南

ASTM C1475—2005（2010）e1 Standard guide for determination of Neptunium-237 in soil

测定土壤中镎-237 的指南

ASTM C1507—2012 Standard test method for radiochemical determination of Strontium-90 in soil

土壤中锶-90 的放射化学测定的试验方法

ASTM D7458—2014 Standard test method for determination of beryllium in soil, rock, sediment, and fly ash using ammonium bifluoride extraction and fluorescence detection

用氟化氢铵萃取法和荧光检测测定土壤、岩石、沉淀物和飞灰中铍的试验方法

ASTM D7968—2014 Standard test method for determination of perfluorinated compounds in soil by liquid chromatography tandem mass spectrometry（LC/MS/MS）

用液相色谱—串联质谱法测定土壤中全氟化合物的试验方法

（2）国内标准

GB/T 11219.1—1989 土壤中钚的测定 萃取色层法

GB/T 11219.2—1989 土壤中钚的测定 离子交换法

GB/T 11220.1—1989 土壤中铀的测定 CL-5209 萃淋树脂分离 2-(5-溴-2-吡啶偶氮)-5-二乙氨基 苯酚分光光度法

GB/T 22104—2008 土壤质量 氟化物的测定 离子选择电极法

GB/T 24890—2010 复混肥料中氯离子含量的测定

GB/T 29400—2012 化肥中微量阴离子的测定 离子色谱法

GB/T 32954—2016 肥料中氟化物的测定 离子选择性电极法

参考文献

[1] 范富,苏明.土壤与肥料[M].赤峰:内蒙古科学技术出版社,2007.

[2] 郑宝仁,赵静夫.土壤与肥力[M].北京:北京大学出版社,2007.

[3] 刘春生.土壤肥料学[M].北京:中国农业大学出版社,2006.

[4] 许秀成.21世纪化肥展望[J].磷肥与复肥,2002,17(5):1-5.

[5] 朱兆良,金继运.保障我国粮食安全的肥料问题[J].植物营养与肥料学报,2013,19(2):259-273.

[6] 林葆.对肥料含义、分类和应用中几个问题的认识[J].中国土壤与肥料,2008(3):1-40.

[7] 刘果,李绍才,杨志荣.我国多功能肥料的发展概况[J].中国土壤与肥料,2006(5):7-9.

[8] 韩晓日.新型缓/控释肥料研究现状与展望[J].沈阳农业大学学报,2006,37(1):3-8.

[9] 乌兰.缓释化肥的研究现状与进展[J].西北民族大学学报(自然科学版),2004,25(3):63-67.

[10] 王月祥,赵贵哲,刘亚青,等.缓/控释肥料的研究现状及进展[J].化工中间体,2008,4(11):5-9.

[11] 刘英,熊海蓉,李霞,等.缓/控释肥料的研究现状及发展趋势[J].化肥设计,2012,50(6):54-57.

[12] 徐玉鹏,赵忠祥,张夫道,等.缓/控释肥料的研究进展[J].华北农学报,2007,22(S2):190-194.

[13] 伊跃军,马亚梦,谭秀民,等.水溶性肥料的发展现状及对策[J].安徽农业科学,2016,44(3):153-155.

[14] 陈清,周爽.我国水溶性肥料产业发展的机遇与挑战[J].磷肥与复肥,2014,29(6):20-24.

[15] 刘鹏,刘训礼.中国微生物肥料的研究现状及前景展望[J].农学学报 2013,3(3):26-31.

[16] 许景钢,孙涛,李嵩.我国微生物肥料的研发及其在农业生产中的应用[J].作物杂志,2016(1):1-6。

[17] 黄国勤,王兴祥,钱海燕,等.施用化肥对农业生态环境的负面影响及对策[J].生态环境学报,2004,13(4):656-660.

[18] 曲均峰.化肥施用与土壤环境安全效应的研究[J].磷肥与复肥,2010,25(1):10-12.

[19] 郑良永,杜丽清.我国农业化肥污染及环境保护对策[J].中国热带农业,2013(2):76-78.

[20] 莫测辉,李云辉,蔡全英,等.农用肥料中有机污染物的初步检测[J].环境科学,2005,26(3):198-202.

[21] 梁英,井大炜,杨广怀,等.三聚氰胺废渣氮素释放特征及影响因素研究[J].中国农学通报,2008,24(10):317-321.

[22] 刘相甫,王旭.肥料中掺入三聚氰胺的风险分析[J].中国土壤与肥料,2010(1):11-18.

[23] 孙明星,吴晓红,屠虹,等.肥料中高含量三聚氰胺检测方法的研究[J].化学研究与应用,2013,25(12):1733-1737.

[24] 尹荣焕,刘娇,王心竹,等.三聚氰胺及其同系物的毒理学研究进展[J].动物医学进展,2013,33(9):100-105.

[25] 董俏,李曦婷,王文超,等.三聚氰胺致病机理及毒性研究进展[J].家畜生态学报,2015,36(6):1-4.

[26] 王亭亭,孙明星,屠虹,等.土壤中三聚氰胺的降解动态与两种蔬菜的吸收效应研究[J].安全与环境学报,2012,12(6):13-17.

[27] 付盼,孙明星,周辉,等.土壤中三聚氰胺的降解动态与水稻的吸收效应[J].科技通报,2015,31(3):244-248.

[28] 曹卫东,王旭,刘传平,等.当前部分有机肥料中的持久性有机污染问题[J].土壤肥料2006(2),8-11.

[29] 岳敏,谷学新,邹洪,等.多环芳烃的危害与防治[J].首都师范大学学报(自然科学版),2003,24(3):40-44.

[30] 匡少平,孙东亚.多环芳烃的毒理学特征与生物标记物研究[J].世界科技研究与发展,2007,29(2):41-47.

[31] 于秀艳,丁永生.多环芳烃的环境分布及其生物修复研究进展[J].大连海事大学学报,2004,30(4):55-59.

[32] 王小逸,林兴桃,客慧明,等.邻-苯二甲酸酯类环境污染物健康危害研究新进展[J].环境与健康杂志,2007,24(9):736-738.

[33] 何丽芝,陆扣萍,秦华,等.我国设施菜地邻-苯二甲酸酯污染现状及防治研究进展[J].安徽农业科学,2012,40(28):13973-13975.

[34] 曾巧云,莫测辉,蔡全英.农业土壤中邻-苯二甲酸酯的污染现状与危害[J].广东农业科学,2009(7):90-96.

[35] 杨晓蕾.土壤中典型抗生素的同时测定及其方法优化[D].山东:山东大学,2012.

[36] 顾觉奋,倪孟祥,王鲁燕.抗生素[M].上海:上海科学技术出版社,2002.

[37] 李洁,刘善江.抗生素在有机肥料-土壤-农作物系统中的转化及影响的研究进展[J].上海农业学报,2013,29(4):128-131.

[38] 周启星,罗义,王美娥.抗生素的环境残留、生态毒性及抗性基因污染[J].生态毒理学报,2007,2(3):243-251.

[39] 葛峰,郭坤,谭丽超,等.有机肥中4类典型兽药抗生素的多残留测定[J].生态与农村环境学报,2012,28(5):587-594.

[40] 苏丹丹,刘惠玲,王梦梦.施用粪肥蔬菜基地抗生素残留的研究进展[J].环境保护科学,2015,41(1):117-120.

[41] 王敏,俞慎,洪有为,等.种典型滨海养殖水体中多种类抗生素的残留特性[J].生态环境学报,2011,20(5):934-939

[42] 马丽丽,郭昌胜,胡伟,等. 固相萃取-高效液相色谱-串联质谱法同时测定土壤中氟喹诺酮,四环素和磺胺类抗生素[J].分析化学,2010,38(1):21-26.

[43] 邵孝侯,徐征,谈俊益. 农业水土环境工程学[M].南京:河海大学出版社,2011.

[44] 张慎举,卓开荣. 土壤肥料[M].北京:化学工业出版社,2009.

[45] 傅柳松. 农业环境学[M].北京:中国林业出版社,2003.

[46] 张乃明,常晓冰,秦太峰.设施农业土壤特性与改良[M].北京:化学工业出版社,2008.

[47] 朱鲁生,环境科学概论[M].北京:中国农业出版社,2005.

[48] Liang Liu, Ping Chen, Mingxing Sun, et al. Effect of biochar amendment on PAH dissipation and indigenous degradation bacteria in contaminated soil[J]. Joumal of Soilsomd Sediments,2015 (15):313-322.

[49] Ping Chen, Hui Zhou, Jay Gan, et al. Optimization and determination of polycyclic aromatic hydrocarbons in biochar-based fertilizers[J]. Journal of Separation Science, 2015, 38: 864-870.

[50] Lanqing Li, Mingxing Sun, Hui Zhou, et al. Response Surface Optimization of a Rapid Ultrasound-Assisted Extraction Method for Simultaneous Determination of Tetracycline Antibiotics in Manure[J]. Journal of Analytical Methods in Chemistry, 2015, 2015: 1-10.

[51] Ping Chen, Mingxing Sun, Zhixiu Zhu, et al. Optimization of ultrasonic-assisted extraction for determination of polycyclic aromatic hydrocarbons in biochar-based fertilizer by gas chromatography - mass spectrometry [J]. Analytical and Bioanalytical Chemistry,2015,407(20):6149-6157.

[52] 孙明星,王亭亭,屠虹,等.土壤中三聚氰胺的高效液相色谱分析[J].上海交通大学学报(农业科学版),2012,30(1):29-33.

[53] 孙明星,吴晓红,屠虹,等. 化肥中高含量三聚氰胺检测方法的研究[J].化学研究与应用,2013, 25(12):1733-1737.

[54] 吴勋,孙明星,高运川,等.离子色谱法测定化肥中六种阴离子[J].理化检验-化学分册. 2011, 47(1):23-26.

[55] 付盼,周辉,赵雨薇,等.三聚氰胺降解菌的分离鉴定及其生物炭固定化研究[J],复旦学报(自然科学版),2015,54(1):498-504.

[56] 马腾洲,赵雨薇,孙硕,等. 液相色谱-串联质谱法测定小麦等农作物中的三聚氰胺,全国化学与光谱分析会议论文集[C].太原,2014.

[57] 闵红,孙明星,周辉,等. 离子色谱法测定肥料中三聚氰胺的含量[J].理化检验-化学分册,2015,51(12):1670-1674.

[58] 蔡婧,马明,赵雨薇,等.气相色谱-三重四级杆质谱法测定有机肥中邻-苯二甲酸酯[J].环境化学,2015,34(12):2301-2303.

[59] 饶钦雄,赵晶,闵红,等. 液相色谱串联质谱法检测有机肥中4中氟喹诺酮类抗菌药[J].上海农业学报,2016,32(1):56-60.

[60] 邱丰,赵波,张继东,等. 固相萃取-离子色谱法测定化肥中的三聚氰胺.理化检验-化学分册,已录用.

[61] 赵雨薇,马明,马腾洲. 超声提取-气相色谱-质谱法测定肥料中邻-苯二甲酸酯类增塑剂[J]. 现代化工,2016,36(6):187-190.

[62] Qin J L, Cheng Y X, Sun M X, et al. Catalytic degradation of the soil fumigant 1,3-dichloropropene in aqueous biochar slurry, Science of the Total Environment, 2016, s569-570:1-8.

[63] 潘瑞炽,王小菁,李娘辉. 植物生理学[M]. 第5版. 北京:高等教育出版社. 2004, 37-39

[64] Balke N E, Price T P. Relationship of lipophilicity to influx and efflux of triazine herbicides in oat roots [J]. Pesticide Biochemistry & Physiology, 1988, 30(3): 228-237.

[65] Bowman, D C, Paul, J L. Absorption of three slow-release nitrogen dources for turfgrasses[J]. Nutrient Cycling in Agroecosystems, 1991, 29(3): 309-316.

[66] Simoneaux B, Marco G. Metabolism of CGA 72662 in spray treated celery and lettuce [A]//Eloisa Caldas (eds). Evaluation of cyrom az ine (169) at the Join tFAO /WHO Meeting on Pesticide Residues (JMPR) [C]. Geneva, Switzerland, 2007. 261-263

[67] 韩冬芳,王德汉,黄培制,等. 三聚氰胺在土壤中的残留及对大白菜生长的影响[J]. 环境科学, 2010, 31(3): 787-792.

[68] 白由路,卢艳丽,王磊等. 三聚氰胺在作物生长过程中的传导性研究[J]. 科技创新导报,2010(5):2-3.

[69] 王亭亭. 土壤-作物系统中三聚氰胺的检测方法及其迁移转化研究[D]. 上海:上海交通大学, 2013.

[70] 孙明星,王亭亭,沈国清,等. 土壤中三聚氰胺的高效液相色谱分析[J]. 上海交通大学学报(农业科学版), 2012, 30(1): 29-33.

[71] Dehghani M, Nasseri S, Amin S. Isolation and identification of atrazinede-grading bacteria from corn field soil in Fars province of Iran[J]. Pakistan Journal of Biological Sciences, 2007, 10(1): 84-89.

[72] Sundaram P V. An analysis and interpretation of the michaelismenten kine-tics of immobilized enzymes perturbed by film diffusion. Applied Biochemistry and Biotednology[J]. Biochemistry, 1978, 3(3): 241-246.

[73] 李婧. 以玉米秸秆吸附-包埋-交联的复合固定化方法固定微生物处理苊的研究 [D]. 广州:华南理工大学, 2012.

[74] Banna N, Winkelmann G. Pyrrolnitrin from Burkholderia cepacia:antibiotic activity against streptomycetes [J]. Journal of Applied Microbiology, 1998, 85(1): 69-78.

[75] Govan J R, Vandamme P. Agricultural and medical microbiology:a time for bridging gaps. Microbiology, 1998, 144(9): 2373-2375.

[76] 廖上强,郭军康,宋正国,等. 一株富集铊的微生物及其在植物修复中的应用 [J]. 生态环境学报, 2011, 20(4): 686-690.

[77] 郭雅妮,周明,崔双科. 环境因素对聚乙烯醇降解菌系降解效果的影响研究 [J]. 环境污染与防治, 2011, 33(11): 34-38.

[78] 余晨兴，马秀玲，吴智诚,等. 机油降解菌的筛选及其特性研究 [J]. 福建农林大学学报(自然科学版)，2007，36(5)：520-524.

[79] Boonsaner M，Hawker D W. Accumulation of oxytetracycline and norfloxacin from saline soil by soybeans[J]. Science of the Total Environment，2010，408（7）：1731-1737.

[80] Wang Q，Yates S R. Laboratory study of oxytetracycline degradation kinetics in animal manure and soil[J]. Journal of Agricultural and Food Chemistry，2008，56(5)：1683-1688.

[81] Samanidou V F，Nikolaidou K I，Papadoyannis，I N. Advances in chromatographic analysis of tetracyclines in foodstuffs of animal origin—A review[J]. Separation and Purification Reviews，2007，36(1)：1-69.

[82] 鲍艳宇. 四环素类抗生素在土壤中的环境行为及生态毒性研究[D]. 天津:南开大学，2008.

[83] 刘玉芳. 四环素类抗生素在土壤中的迁移转化模拟研究[D]. 广州:暨南大学，2012.

[84] Bansal O P. A laboratory study on degradation studies of tetracycline and chlortetracycline in soils of Aligarh district as influenced by temperature，water content，concentration of farm yield manure，nitrogen and tetracyclines [D]. Proceedings of the National Academy of Sciences India Section B-Biological Sciences，2012，82(4)：503-509.

[85] Szatmari I，Barcza T，Kormoczy P S.，et al. Ecotoxicological assessment of doxycycline in soil[J]. Journal of Environmental Science and Health，Part B：Pesticides，Food Contaminants，and Agricultural Wastes，2012，47(2)：129-135.

[86] 张健，关连珠，颜丽. 鸡粪中 3 种四环素类抗生素在棕壤中的动态变化及原因分析[J]. 环境科学学报，2011，31(5)：1039-1044.

[87] Hawker D W.，Cropp R，Boonsaner M. Uptake of zwitterionic antibiotics by rice (Oryza sativa L.) in contaminated soil[J]. Journal of Hazardous Materials，2013，263：458-466.

[88] Liu L，Chen P，Sun M，et al. Effect of biochar amendment on PAH dissipation and indigenous degradation bacteria in contaminated soil [J]. Journal of Soils and Sediments，2015，15(2)：313-322.

[89] Khan S，Wang N，Reid B J，et al. Reduced bioaccumulation of PAHs by Lactuca satuva L. grown in contaminated soil amended with sewage sludge and sewage sludge derived biochar[J]. Environmental Pollution，2013，175(175C)：64-68.

[90] Oleszczuk P，Jośko I，Kuśmierz M. Biochar properties regarding to contaminants content and ecotoxicological assessment[J]. Journal of Hazardous Materials，2013，260(6)：375-382.

[91] Chen B，Zhou D，Zhu L. Transitional adsorption and partition of nonpolar and polar aromatic contaminants by biochars of pine needles with different pyrolytic temperatures[J]. Environmental Science & Technology，2008，42(14)：5137-5143.

［92］Graber E R，Harel Y M，Kolton M，et al. Biochar impact on development and productivity of pepper and tomato grown in fertigated soilless media［J］. Plant and Soil，2010，337(1)：481-496.

［93］Lehmann J，Rillig M C，Thies J，et al. Biochar effects on soil biota-a review［J］. Soil Biology and Biochemistry，2011，43(9)：1812-1836.

［94］Derenne S，Largeau C. A review of some important families of refractory macromolecules：Composition，origin，and fate in soils and sediments［J］. Soil Science，2001，166(11)：833-847.

［95］Jørgensen K，Puustinen J，Suortti A. Bioremediation of petroleum hydrocarbon-contaminated soil by composting in biopiles［J］. Environmental Pollution，2000，107(2)：245-254.

［96］Ryan J，Bell R，Davidson J，et al. Plant uptake of non-ionic organic chemicals from soils［J］. Chemosphere，1988，17(12)：2299-2323.

［97］Simonich S L，Hites R A. Organic pollutant accumulation in vegetation［J］. Environmental Science & Technology，1995，29(12)：2905-2914.

［98］Chiou C T，Sheng G，Manes M. A partition-limited model for the plant uptake of organic contaminants from soil and water［J］. Environmental Science & Technology，2001，35(7)：1437-1444.

［99］Lehmann J，Da silva jr JP，Steiner C，et al. Nutrient availability and leaching in an archaeological anthrosol and a ferralsol of the central amazon basin：fertilizer，Manure and Charcoal Amendments［J］. Plant and Soil，2003，249(2)：343-357.

［100］Verheijen F，Jeffery S，Bastos A，et al. Biochar application to soils：A critical scientific review of effects on soil properties，processes and functions［J］. Processes and Functions，2010，144：175-187.

［101］黄凯丰. 重金属镉. 铅胁迫对茭白生长发育的影响［D］. 扬州：扬州大学，2008.

［102］原鲁明，赵立欣，沈玉君，等. 我国生物炭基肥生产工艺与设备研究进展［J］. 中国农业科技导报，2015，17(4)：107-113.

［103］王期凯，郭文娟，孙国红，等. 生物炭与肥料复配对土壤重金属镉污染钝化修复效应［J］. 农业资源与环境学报，2015，32(6)：583-589

［104］马铁铮，马友华，付欢欢，等. 生物有机肥和生物炭对 Cd 和 Pb 污染稻田土壤修复的研究［J］. 农业资源与环境学报，2015，32(1)：14-19.

［105］Park J H，Cho J S，Yong S O，et al. Comparison of single and competitive metal adsorption by pepper stem biochar［J］. Archives of Agronomy and Soil Science，2016，62(5)：617-632.

［106］赵庆令，李清彩，谢江坤，等. 应用富集系数法和地累积指数法研究济宁南部区域土壤重金属污染特征及生态风险评价［J］. 岩矿测试，2015，34(1)：129-137.

［107］张伟明. 生物炭的理化性质及其在作物生产上的应用［D］. 沈阳：沈阳农业大学，2012.

［108］陈玲桂. 生物炭输入对农田土壤重金属迁移的影响研究［D］. 杭州：浙江大学，2013.

[109] Lu K，Yang X，Gielen G，et al. Effect of bamboo and rice straw biochars on the mobility and redistribution of heavy metals（Cd，Cu，Pb and Zn）in contaminated soil[J]. Journal of Environmental Management，2016.

[110] Khan S，Chao C，Waqas M，et al. Sewage sludge biochar influence upon rice（Oryza sativa L）yield，metal bioaccumulation and greenhouse gas emissions from acidic paddy soil[J]. Environmental science & technology，2013，47(15)：8624-8632.

[111] 曲晶晶，郑金伟，郑聚锋，等. 小麦秸秆生物质炭对水稻产量及晚稻氮素利用率的影响[J]. 生态与农村环境学报，2012，28(3)：288-293.

图书在版编目（CIP）数据

肥料中有害因子的检测方法及其土壤修复和迁移研究 /
孙明星，张琳琳，沈国清编著. —杭州：浙江大学出版社，
2017.5

ISBN 978-7-308-16484-9

Ⅰ.①肥… Ⅱ.①孙… ②张… ③沈… Ⅲ.①肥料—
有害物质—检验方法—研究 ②土壤改良—研究 Ⅳ.
①S14 ②S156

中国版本图书馆 CIP 数据核字（2016）第 293417 号

肥料中有害因子的检测方法及其土壤修复和迁移研究

孙明星　张琳琳　沈国清　编著

责任编辑	杜玲玲
责任校对	王　波
封面设计	十木米
出版发行	浙江大学出版社
	（杭州天目山路 148 号　邮政编码 310007）
	（网址：http://www.zjupress.com）
排　　版	杭州中大图文设计有限公司
印　　刷	杭州日报报业集团盛元印务有限公司
开　　本	787mm×1092mm　1/16
印　　张	10.5
字　　数	256 千
版 印 次	2017 年 5 月第 1 版　2017 年 5 月第 1 次印刷
书　　号	ISBN 978-7-308-16484-9
定　　价	49.00 元